年轻人

>>>>>>>>>>>>> 必知的 <<<<<<<<<<<<<

99条人生经验

一辈子都受用的人生智慧

墨 非◎编著

让你智慧地完成人生的规划和职业发展

全面提升自身软实力，搭建好属于自己的舞台，更快更好地成就自己

中国华侨出版社

图书在版编目（CIP）数据

年轻人必知的 99 条人生经验 / 墨非编著. 一北京：
中国华侨出版社，2014.7
ISBN 978-7-5113-4669-8

Ⅰ. ①年… Ⅱ. ①墨… Ⅲ. ①人生哲学－青年读物
Ⅳ. ①B821-49

中国版本图书馆 CIP 数据核字（2014）第 111649 号

● 年轻人必知的 99 条人生经验

编　著 / 墨　非
责任编辑 / 文　艾
责任校对 / 孙　丽
装帧设计 / 天下书装
经　销 / 新华书店
开　本 / 710 毫米×1000 毫米 1/16　印张 /18.5　字数 /223 千字
印　刷 / 大厂回族自治县德诚印务有限公司
版　次 / 2014 年 10 月第 1 版　2014 年 10 月第 1 次印刷
书　号 / ISBN 978-7-5113-4669-8
定　价 / 35.00 元

中国华侨出版社　北京市朝阳区静安里 26 号通成达大厦 3 层　邮编：100028
法律顾问：陈鹰律师事务所　　　　编辑部：（010）64443056　　64443979
发行部：（010）64443051　　　　传　真：（010）64439708
网　址：www.oveaschin.com　　E - mail：oveaschin@sina.com

前 言
PREFACE

　　古语有云："人生一世，草木一秋。"海阔凭鱼跃，天高任鸟飞。成事在天，谋事在人。有的人知之甚少、涉世未深，却能左右逢源；有的人满腹经纶、才华横溢，却无用武之地；有的人行事犹如庖丁解牛，游刃有余；而有的人"孜孜以求"，反而弄巧成拙……这就需要我们懂得处世之道，掌握其技巧。

　　美国斯坦福大学心理系教授罗亚博士认为，每个人都有足够的条件成为主管，平步青云，但必须要懂得如何待人处世。

　　为事之道，在于重势；行事之道，在于心安；明事之道，在于分寸；处世之道，在于技巧。害宜避，而有不能避之害；利可趋，而有不可趋之利。凡事不可不求，而又不可强求。事有机缘，不先不后、刚刚凑巧；命苦蹭蹬，走来走去，步步踏空。世上每个人都在谋事、做事、办事、行事，但任何事都蕴含着深刻的机理与幽情，不通事中之理，不识事中之情，是不可能明达成事之道的。

　　如果你想对他人示好，却被人家误解，那是方式的问题；如果你想和别人和谐相处，却不知从何入手，那是沟通的问题；如果你才华横溢，但屡遭排挤，那是做事的问题；如果你努力工作，但进度缓慢而且老板还不满意，那是方法的问题……把这些形形色色的问题归根结底，那便是处世的问题。你所欠缺的，也就是处事的技巧而已。

有时初入社会的年轻人会感觉自己就像茫茫大海上的一叶小扁舟，飘摇、孤独、困惑，无所适从，却忘了该如何处世的道理。此时，你也不必惊慌，俗话说"万物皆有法"，只有找到事情的症结所在，方能对症下药，药到病除。

　　本书究其因、工其技、明其理、罗其据，以诙谐、明朗的文字，清晰的思路，融入古人处世的智慧。本书写给刚刚走上社会的年轻人，让读者花最少的时间，收获最多的知识和感悟。

　　处世有道。知之者成其事，不知者王事不成。生命如浮云苍狗，似白驹过隙，枝上有花直须摘，莫待白了少年头。

　　不论你是即将踏入社会，还是踏入社会不久，如果你不懂得如何处事，本书将告诉你最好的答案。

　　年轻人，此时最是读书季，沏一壶茶、煮一杯咖啡，小小书房，墨香缭绕。

目 录
CONTENTS

第一章

年轻人，初涉世事，
先拂去你的青涩

　　刚刚走上社会的年轻人，充满了蓄势待发的豪情、青春的朝气、满腔的热血，梦想着丰厚的待遇和轰轰烈烈的事业。可是，社会毕竟是一所包罗万象、喧嚣复杂的大学校，这里没有寒暑假，拒绝虚假和肤浅，更拒绝空想和庸碌。年轻人涉世不深，又正逢角色和身份的转变时期，必须面对很多从未经历过的事情。这时就应该领悟到，社会并非你们想象的那么简单，想要尽快融入社会，必须先收起你的单纯。

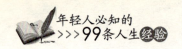
1. 理想很丰满，现实很骨感

《庄子·列御寇》中记载着这样一个故事：

说有一个叫朱泙漫的人，他向支离益学习屠龙之术，花光千金家财三年乃成，可是学成后却找不到一条龙的影子，其一身绝技，最终也毫无用处。

理想很丰满，可是现实很残酷。朱泙漫空有理想，可残酷的现实并不能为他提供一个屠龙的机会，一生本领也只能徒劳。这个故事告诉我们理想与现实是有差距的。

刚刚从象牙塔这块充满梦幻、自由的小天地走出的年轻人，大都博学多才，满腹经纶；雄赳赳，气昂昂，对未来满怀激情，无限憧憬着美好的明天：找一片属于自己的天空，尽情地施展自己的才华。

然而，现实却没有想象中那么美好：工作上处处碰壁，喜欢的行业拒你于千里之外；满腹经纶，英雄却无用武之地；生活上事事不顺心；因为不懂得如何经营，开了不久的公司只能早早地收场了……这时候，作为年轻人的你，就应该深刻领悟到，原来社会并不是你们想象的那么美好。社会很骨感，现实很残酷。

元曲《冻苏秦》中曾说过："也素把世态炎凉心中暗忖。"《隋唐演义》中说："我囊囊空虚，使你丈夫下眼相看，世态炎凉，古今如此。"世态炎凉，古今所共有，中外所同然，是最稀松平常的事。不管是"暗忖"，还是"明忖"，反正你得承认这个"古今如此"的事实。因此，不论你多么不情愿，都不得不接受这个铁一般的事实。若你依旧怀揣着象牙塔中的那份单纯，认为这个社会上一切都是绝对地美好，那么你必将永远为你无知的单纯而备受煎熬。

看来，要在社会中立足、生存、发展，你绝对不能以一颗抱怨的心去看待它。如果你只是一味地去抱怨、去逃避，缺乏尝试的勇气，你永远就只能被捆绑在底层的牢笼里，看不见山峰那一望无际的美景和清晨的第一缕阳光。

那么，作为刚刚涉世的年轻人，如何才能在残酷的现实中实现自己的理想呢？

1. 现实是理想的基础

一个人不能没有理想，有了理想才知道自己努力的方向，但是理想不是幻想，更不是空想，我们只有从现实出发，尊重实际，才有可能实现自己的抱负。

2. 理想来源于现实，又高于现实

现实是物质的，理想是一种意识，意识来源于物质。理想是人们的一种追求，所以会高于现实。只有通过实践，个人努力才可以把理想转化为现实。

3. 脚踏实地地工作

实现理想并不是一句空话，所有的理想都是在行动中实现的。

2. 站在人生的转角处

刚刚毕业踏上社会的你，你们的境况是不是这样：人生舞台的帷幕还没拉开，面对复杂的剧情，你们会感到迷茫、困惑、无所适从，是选择继续表演还是选择逃避呢？

英国生物学家达尔文在《物种起源》中说："物竞天择，适者生存，不适者淘汰。"

千百年来，历史长河源远流长，永不停息，人类发展生生不息，永不停歇。社会虽说千变万化，但亘古未变的定律就是"适者生存，不适者淘汰"。辩证唯物主义告诉我们："物质决定意识，意识是物质的反映。"人是社会的人，打你出生那一刻，就决定了你和社会的不可分割性，你的行为就是这个社会的行为，你的意识就是这个社会意识的折射。脱离社会，你必将被这个社会所抛弃。

1920年印度传教士 J. E. 辛格在一个巨大的白蚁穴附近，发现狼群中有两个被狼养大的孩子，人们都叫她们为"狼孩"。其中大的年龄约七八岁，被取名为卡玛拉；小的约2岁，被取名为阿玛拉。辛格把她们送进了米梅纳普尔市孤儿院。据 J. E. 辛格在他所写的《狼孩和野人》一书中，详细记载了这两个狼孩重新被教化为人的经过，这两个孩子刚回到人类社会之初，生活习性与狼一样，具备狼的特点，有明显的动物习性：吞食生肉，四肢爬行，喜暗怕光，白天总是蜷缩在阴暗的角落里，夜间则在院内外四处游荡。她们不会讲话，每到午夜后就像狼似的引颈长啸，给她们穿衣服，她们却粗野地把衣服撕掉。她们目光炯炯，嗅觉敏锐，没有人的理性。

辛格牧师夫妇俩为使两个狼孩能转变为人，作出了各种各样的尝试。

其中的一个阿拉玛到第二个月，可以发出"波、波"的音，诉说饥饿和口渴了。遗憾的是，回到人间的第 11 个月，阿玛拉就死去了。另一个卡玛拉经过 7 年的教育，才掌握 45 个词，勉强地学会几句话，开始朝人的生活习性迈进；用了将近 5 年的时间学会了两脚步行，但快跑时又会用四肢；经过 5 年，她能照料孤儿院幼小儿童了。她为自己想做的事情（例如解纽扣儿）做不好而哭泣。

大女孩卡玛拉一直活到 17 岁。但她直到死时还没真正学会说话，智力只相当于三四岁的孩子。

这则故事告诉我们，人类的知识与才能是天赋的，直立行走和言语也并非天生的本能，所有这些都是后天社会实践和劳动的产物，人不能脱离社会，人需要适应社会。

在一项有关刚刚走上工作岗位的大学生的调查报告中，显示有一半以上的大学生会出现不同程度的"社会不适症"。尽管他们大都对未来充满憧憬和希望，但由于生存环境的改变，意识形态还没转变，加之角色转移不到位，使得这些社会新人常常不知所措，丧失向前的信心，工作往往无疾而终。

南宋诗人陆游说："纸上得来终觉浅，绝知此事要躬行"。纸上得来的东西感受总不是很深刻。其中的深意，往往来自于生活实践中自身的真实体验，很多东西都是自己碰过壁，吃过苦头，走过弯路，才真正明白其中的道理，才能够不断地成长。

站在人生的转角处，如何以更好的姿态去演绎完美的人生，这就需要年轻人掌握技巧。

1. 角色转变

站在人生新的起跑线上，年轻人要学会从"校园人"到"社会

人"的角色转变。过去以学习为主，现在以工作为主，不要以以往的行为模式来束缚自身融入新的环境。

比如，很多刚步入社会的年轻人，追求自我实现、追求个人价值，但由于对社会认识不清，心高气傲，容易以自我为中心，对单位安排的工作挑三拣四，小的事情看不上眼，不愿做；对自己的角色定位过高，做事常常放不下身段，或是思想和行为幼稚，阻碍了自己很好地进入新的角色。

2. 思维转变

大学生一定要清醒地认识到进入职场后，自己的社会责任、社会角色、社会义务、社会权利及所处的环境都不同，应该按照新的环境和角色来约束自己，并承担自己该承担的责任。

3. 改变自己

有句话说得好："如果你不能改变环境，那就学着改变自己。"看来，任何人要想顺利地适应快速变迁的社会，就只能从自身开始做起。只有随时调整改变自己，才能与社会保持脚步一致。社会就像一架机器，未来与现实就像一对咬合的齿轮，自始至终紧密联系在一起。我们只有与时俱进，不断地学习适应，犹如不断地向齿轮加油，才能有利于这两个齿轮减少摩擦、协调运转。

4. 主动投身社会实践

尽信书，则不如无书。从书本上得来的知识比较浅薄，年轻人一定要经过投身社会，亲身实践才能将书本知识变成自己的东西。

3. 剔除毕业前身上的傲气

刚刚远离校园，踏入社会的大多数年轻人身上或多或少地滋生着"学而优则仕"的传统思想，都放不下"天之骄子"的架子，凡事都觉得自己比别人行，要找像样、能干大事的工作。可步入社会之后才发现，事情根本不是这样。

刚刚毕业的小琴，第一个月她就抱怨去面试的公司太差，工作环境也不好，她决定不去上班。尤其是当她看着周围比她差的朋友一个个都找到了工作，自己满腹经纶却总是找不到理想的单位。第二个月，她终于找到一份说起来还算不错的工作，她又开始抱怨公司给她这个重点大学毕业生的待遇太低，还经常安排零碎简单的活让她干，有点大材小用。工作不到两个月，她又开始抱怨大家都排斥她，不喜欢和她聊天沟通，分组做项目的时候没人愿意选她，而且领导对她的工作并不满意，比她学历低的人却大都做得风生水起，最后她变得独来独往，情绪越来越低落，工作也越来越不适应，已经开始对办公室产生了恐惧感。

俗话说："人外有人，山外有山。"也许在学校那个小天地里，你是出类拔萃的，但是到了社会你必须明白，外面的人比你厉害的大有人在。因此，这时的你必须懂得自大是你事业前进道路上最大的绊脚石，你必须学会低看自己一眼，剔除身上不可一世的傲气。如果你认为自己多么有本事，多么有才华，就应该得到社会的认可，得到公司的重用，自己说的话才是真理，那么你终将会遭到同人们的抛弃。相反，如果你能抛掉身上的傲气，虚心接受别人的意见，向他人

7

学习，反而更容易引起别人对待事物的共鸣，从而得到别人的支持和认可。

战国时，齐国有一个叫赵三的人，他的箭术极其高超，能够百步穿杨，村民们都非常佩服他，常常夸他是"射箭高手"、"射箭王"，在当地小有名气。渐渐地，赵三就开始骄傲起来，觉得他自己是最棒的，一点儿也不在乎别人的技术。

这一天，村子里来了一位射箭奇人，名叫朱五。朱五射箭技术非常好，看到村民们为朱五射的箭鼓掌，赵三非常不服气，对朱五说："哼！你射的箭一点也不如我，在这儿炫耀什么呀？"

朱五很平静地说："你有你的优点，我有我的优点，我们应该互相学习才是啊。"赵三听了，更加生气，说："要不我们比试比试？"朱五点了点头，赵三指着天上的那只大雁，对朱五说："谁先射到那只大雁，谁就算赢！"朱五又点了点头。

于是，他们开始射箭，只听"砰"一声，朱五的箭正好射中那只大雁，而赵三的箭呢？却射中了几十米之外的一只鸭子。"怎么样？俗话说，山外有山，人外有人，人可不要太骄傲了啊！"朱五说。赵三羞红了脸，吞吞吐吐地说："是……是……我太……太骄傲了……"最后，朱五教了赵三很多的射箭知识，赵三的射箭技术也大大地提高了……

如何在涉世之初少走弯路，有一个好的开头，为你以后的人生铺平道路？作为年轻人的你，好好地遵循、把握这些忠告和建议。

1. 放低身段

俗话说："一山还有一山高。"人天生都有优缺点，所以应放低身段，不要总觉得自己比人家强，更不能永远把自己摆在高高在上的位置，自以为是。太过傲气会让人看不起，给人一种自以为是的感觉。把身段放低一点，才能被大家接受。

2. 虚心接受别人的意见

自古以来，成功的人从来不在别人面前炫耀自己的观点，总是能够第一时间看到别人的长处，并且意识到自己的短处，正视这一切，时刻虚心向别人学习，接受别人对自己的看法，然后根据自己的不足来提高自己，不断完善自己。他们的过人之处越多，他们越认识到他们的不足。况且人无完人，我们更应学会谦虚，虚心接受别人的意见，这样你的能力才能更上一层楼，成功才能离你越来越近。

4. 学会接受不一样的东西

《晏子春秋·内篇谏下》："星之昭昭，不若月之曀曀。"由于本身质的规定性，星星的光亮远不如月亮，即使月亮处于昏暗的状态，也比星星明亮。它一方面说明了事物的限度，同时也说明了事物彼此之间的差异。

不少年轻的朋友，因为接受不了彼此之间的差异，总是固执己见，以至于常常把关系搞得非常糟糕。只要一遇到意见不合，或者与自己的理念相违背的东西，就拒绝去接受，特立独行，到头来也只会留下一幅孤独无依、远离人群的凄惨画面。

俗话说："萝卜白菜，各有所爱。"由于我们每个人的受教育程度、文化水平不一样，对待同一事物也会存在不一样的看法，人人都有自己对待事物的评判标准，正因为有了人与人的不同，才成就了社会的多姿多彩。有人以为习以为常的东西，有人就认为很怪；而有人认为值得惊奇的东西，有人却毫不奇怪。

一个目光卓越，视野开阔的人，在对待自己不喜欢的事物时，不

但不会排斥，反而会有自己独到的见解，更会设身处地站在他人的位置上思考。学会理解人，也就是学会尊重他人，并以宽容、公平、冷静的心态与他人友好相处，从而赢得大家的喜爱。能做到这点，就必须明白：

1. 承认社会的差异性

世界是缤纷多彩的，世上的事物也是复杂多变的。例如北方人喜欢吃面食，南方人喜欢吃米饭，有的地方喜欢吃辣，而有的地方不喜欢。所以，年轻人一定要试着接受周围"不合理"的存在。如果你老是挑剔，老是把自己的观点强加于人，只会让别人非常反感，甚至厌恶。

2. 别再指望每个人都喜欢你

尼采曾经这样说过："人不过是一把泥土。"所以，年轻人千万不要把自己定位得太高，以为所有的人都会围着你转。一旦当你受到冷落，失去了周身的那层光彩，你定然会有种从天上瞬间掉落到地上的失落感。我们已经不再是当初不懂世事的小孩，应该明白世界上本就不存在任何完全绝对的事情。就像我们处理人际关系时的方法有很多，但最重要的一条便是："不要试图让所有人都喜欢你。"因为这不可能，也没必要。

3. 学会和你不喜欢的人相处

生活就是这样，我们总会遇见一些让我们心生厌恶的人。比如你讨厌的上司，你厌恶的同事，或是难缠的朋友，甚至你不认识的售货员……总之，当见到这类人的身影、闻到这类人的味道、听到这类人声音时，都想离他们越远越好，或是对他们敬而远之，但很多时候，你又不得不和他们合作，离不开他们。甚至有时候为了达到某种目标，你必须和他们保持和谐的关系。

因此，我们生活在社会中，就要和人打交道，需要学着去和不喜欢你的人相处，甚至要尝试和敌人拥抱——这是气度，更是胸襟。

事实上，学会和不喜欢你的人相处，并不如想象中那样难，自己的想法是最关键的，只要你能克服心理障碍，就没有什么做不到的。那么，如何在不违背自己的原则的情况下，与不喜欢的人打交道呢？

1. 套近乎。面对你觉得很冷漠的人，我们常常会觉得胆怯，不知道如何与之相处，久而久之双方就会觉得对方不好相处，但是你一句你好，一个礼貌的微笑，一个点头，便能水滴石穿。

2. 保持基本的礼貌和交往。与这些人交往同样需要保持基本的礼貌，这样彼此才能和谐相处。

3. 适当的忍让。只要你能摆正心态，懂得忍让，就能与其好好相处。

4. 要增加接触的机会。经常躲避，只会让你们的关系越来越疏远，多接触一些对改善关系是有帮助的。

5. 在关系僵持或恶化的时候，一定要主动表示友好，不要碍于面子、难为情。

6. 保持适当的距离，与不喜欢的人相处时尽量不要表现出厌恶感，适当的距离可以避免不必要的树敌。

7. 换位思考。很多时候是因为处在特定的环境、特殊的位置上，才会给人一种不好相处的感觉。所以与人相处要懂得换位思考，理解他人。

8. 学会接纳和尊重，多一点宽容。不管别人对自己的态度如何，只要你有积极的生活态度，保持足够尊重他人的心，去宽容他们并坚持，你一定能最终获得对方的好感。

所以，只有学会如何与不喜欢的人相处这门学问，你才能够顺利打入各种交际场合和朋友圈子里面去，成为众人之中那个最受欢迎的交际能手。

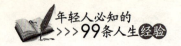

5. 别让好心办坏事

有时，大多数年轻人会有这样的疑惑："为什么我总是出力不讨好？"……

现实生活中好心办坏事的例子并不少见。帮助别人自然是好事。人们也常常出于好心去做事，但并不是说好心一定能办成好事。

人们常说："送人玫瑰，手有余香。"但是，如果你拿玫瑰的方式不对，你将被玫瑰所刺。儒家提倡，不偏不倚的中庸之道。很多年轻人，对别人过于主动，太过热情，不认清对象，不分清场合，只是盲目一味去"帮助"，我们都出于好心，却没有办成好事，反而让事情更加糟糕。

明代马中锡的《东田传》一书中有这样一个故事说：

有一位叫东郭先生的书生，虽然好读书，但是十分迂腐。一天，东郭先生赶着一头毛驴，背着一口袋书，到一个叫"中山国"的地方去谋求官职。

突然，一只带伤的狼窜到他的面前，哀求说："先生，我现在正被一位猎人追赶，猎人用箭射中了我，差点要了我的命。求求您把我藏在您的口袋里，将来我会好好报答您的。"

东郭先生当然知道狼是害人的，但他看到这只受伤的狼很可怜，考虑了一下说："我这样做会得罪猎人的。不过，既然你求我，我就一定想办法救你。"说着，东郭先生让狼蜷曲了四肢，然后用绳子把狼捆住，尽可能让它的身体变得小些，以便装进放书的口袋中去。

不一会儿，猎人追了上来，发现狼不见了，就问东郭先生："你看见一只狼没有？它往哪里跑了？"

东郭先生说："我没有看见狼，这里岔路多，狼也许从别的路上逃走了。"猎人相信了东郭先生的话，朝别的方向追去了。狼在书袋里听得猎人的骑马声远去之后，就央求东郭先生说："求求先生，把我放出去，让我逃生吧。"

仁慈的东郭先生经不起狼的花言巧语，把狼放了出来。不料，狼却嗥叫着对东郭先生说："先生既然做好事救了我的命，现在我饿极了，你就再做一次好事，让我吃掉你吧。"说着，狼就张牙舞爪地扑向东郭先生。

生活中也许不会出现像东郭先生这样的悲剧。很多时候，年轻人是觉得某些人需要帮助，自己没摸清底细，白白浪费了自己的善良和怜悯之心。

其实，很多时候，我们常常好心办坏事。帮助别人是好事，但要分清对象，同时也要把持一个度，切忌太过。过于"热情"，会在无形之中，让别人觉得接受你的帮助也是一种负担。

在蛾子的王国里，有一种蛾子由于它硕大而美丽的翅膀，人们把它叫作"帝王蛾"。

帝王蛾的幼虫是在一个洞口极其狭小的茧子中度过的，当它的生命要发生质变时，这天定的狭小通道对它来讲无疑成了鬼门关。那娇嫩的身躯必须拼尽全力才能破茧而出，太多太多的幼虫在过鬼门关时力竭身亡，不幸成了"飞翔"的悲壮祭品。

有人怀了恻隐之心，企图将那幼虫的生命通道弄得宽阔一些，便拿来剪刀，把茧子的洞口剪大。于是茧中的幼虫不用费多大的力气，轻易就从那个牢笼里钻了出来。但是更为不幸的是，所有得了救助而见到天日的蛾子，都成为"好心人"的牺牲品，它们无论如何也飞不起来，只能拖着丧失了飞翔功能的累赘双翅在地

13

上笨拙地爬行。

常言道："有话送给知心人，有饭送给饿人，有礼送给有情人。"因此，在帮助别人时，要分清场合，认清对象，用什么样的方式比较合适，不影响对方，不妨碍对方，不给对方增添麻烦，不令对方感到不快，不干涉对方的私生活。否则，你的好心会带给别人难以弥补的损失。

在帮助别人的时候，不要觉得只有大事自己才去帮助别人，要平平淡淡，从生活的点点滴滴开始。生活中也并不是说每件事都需要你去帮助，你也会无力并且很累。帮助别人时也不要让别人觉得你很勉强，很不情愿，即使别人得到了你的帮助，也不会从内心真正感激你的。

因此，帮助人也是一门艺术，在帮助别人的时候，不要太过，适可而止，去帮助真正需要帮助的人，这样不仅帮助了别人，同时也给自己赢得了面子。过度热情，只会适得其反。

帮助别人，即使我们是出于好心，也要讲究一定的方法和原则。这样才能用好心种出好的果子。

1. 转变立场和角度

世界上没有绝对的对与错，对与错在一定程度上是可以相互转化的。由于人们所处的立场和站的角度不一样，思维不一样，对同样的事情看法就不一样。而我们每个人都喜欢从自己的角度去考虑问题。于是在你看来是好心办好事，对于别人来说，却可能是坏事，得到一个坏的结果。

2. 注意帮助别人的方法和原则

帮助别人一定要做到帮的是需要帮助的人，帮助别人时认清对象，分清场合，切忌过于主动，太过热情。

总之，在帮助别人时要三思而行，能找准自己的位置，认清自己的能力，学会转换角度，站在别人的立场上看事情。在全面了解形势的情况下，还要注意加强沟通，看别人真正需要帮助的是什么，怎样帮助才能让结果更好。

6. 别把工作当儿戏

张戴金有一首诗是这样写的：

我，创造了财富。

我，是幸福的源泉。

我，是穷人唯一的依靠。富人如果离开了我，必然百无聊赖，过早走向坟墓。

我，创造了国家。

我，开创了惊世的工业，铺设了无双的铁路，修建了冲天的高档楼。

我，穿越大陆的列车，横跨大洋的轮船。

我，是杰出青年的朋友，一旦结识了我，并与我共度余生，我将给予他们一切，比任何最富有的父母都多。毕生与我并肩工作的人将得到永生，因为他们在我的帮助下创造的一切在他们故后仍然继续。

有了我，身体健康，头脑清醒；缺了我，灵魂和身躯必臃肿迟钝。

有了我，生活充满欢乐；缺了我，生活缺乏情趣。

我，养育了天才。愚人憎恨我，智者热爱我。谁在躲避我，谁敢嘲笑我？

我是谁？

我是什么？

我就是——工作。

工作是社会赋予个人的责任，同时也是义务，是我们一生必须去做的事，是我们实现理想的必经之路。责任，就要求我们必须把工作做好，义务就是需要我们主动去完成它。

而在现实生活中，对于大多数年轻人还没有脱离学校那种安逸、悠闲的生活，消极怠工者有之、安于现状者有之，凡此种种，不一而足，对工作缺乏主动性，结果搞得处处被动、常常出错。

一项来自著名的贝尔实验室的调查发现，优秀员工与普通员工的一个主要区别就是是否具备"主动性"。成功者的经验告诉我们，积极主动的人在事业上更容易获得成功。因为主动性能够产生极强的自我意识，使他们在努力工作时能保持积极的自我评价。自我控制以及自我期待，所以更容易抓住转瞬即逝的机会。

小王和小陈同时进入了一家房地产销售公司，刚进不久，小陈就积极主动地学习公司的业务，了解业务流程，与客户沟通的技巧，而且还不定时参加公司的培训，小陈的业务水平一直得到不断地提高，在几个月的不断努力下，从刚刚的一个月没有业绩，猛排到了公司销售业绩的前三名，成为了公司那一季度的销售明星。

而小王进入公司，怕这怕那，在工作中总是推脱责任，领导说一句跳一步，干什么都觉得没劲，所以不到两月还没转正，就被公司辞退了。

小陈不怕苦不怕累，把工作看成自身生存和发展的平台，尽心尽力地面对工作，积极主动地做好每一件事，做出了卓越的业绩，公司上下都十分欣赏他。从小陈的身上我们可以看到：只有发挥自己的主观能动性，具备了自我意识，才能在工作中找准机会并实现

16

价值。

而如今大多数年轻人喜欢听命行事，领导叫他做什么他就做什么，总在别人的监督下完成。"我没有时间！""我实在太忙了，不能做！""恐怕现在还不是最佳时机，我们为什么不再等等呢？"……这些话语通常成为了他们拒绝工作的口头禅。通常，这些司空见惯的话语可能会使你付出数倍的代价。"没有时间"只是懒散者的挡箭牌，是懦弱无能者的借口。

闻名世界的美国钢铁大王卡内基曾经说过这样一段话："有两种人注定一事无成，一种是除非被人要他去做否则绝不会主动做事的人；另一种人则是即使别人要他做，也做不好事情的人。那些不需要别人催促就会主动去做应该做的事，而且不会半途而废的人必将成功，这种人懂得要求自己多努力一点，多付出一点，而且比别人的预期还要多。"

主动性是一种非常可贵的品质，每一个希望自己能够有所作为的人都不应该忽略它。因此，年轻人在竞争和生存压力日益凸显的今天，如何保持一种积极向上的工作心态至关重要。

积极主动的工作态度是成功的起点，它能激发人的潜能，使人奋发上进，从而获得更多的发展机会和空间。反之，消极怠慢者，会悲观失望，不思进取，从而"前"途迷茫，生活被动。

年轻人，若想登上绚烂的成功舞台，就必须永远保持积极、主动的工作心态。

1. 远离自卑

自卑让人消沉，自卑让人懒惰，自卑让人退缩。每个年轻人都渴望自信，都渴望远离自卑的象牙塔，寻找通往自信的快乐之路。工作中年轻人要学会欣赏自我，充分肯定自我，为自己撑起一片自信的蓝天。

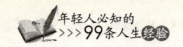
2. 经受挫折的锻炼

挫折是人生的必修课，是人生必经之路，是人生的财富。经过挫折的磨炼，人就拥有坚强有力的翅膀，飞往灿烂辉煌的明天。

3. 乐观的心态

有一位学者很形象地比喻人生：人的一生犹如婴儿初啼，虽有苦涩，但却是全身鲜嫩，不管你遭到何种挫折与苦难，只要你不放弃自己，就没有任何事情可以难倒你。

乐观是心胸豁达的表现，乐观是生理健康的目的，乐观是人际交往的基础，乐观是工作顺利的保证，乐观是避免挫折的法宝。

乐观是一个人向上的表现。唯有积极向上的行动才能带来积极的成果。

7. 为自己的职业定位

一个人价值的实现，并不是你一定要赚多少钱，升多大的职，而最重要的是你在这个岗位上能否实现你自身的价值，能否在这个看似平凡的岗位上，做出一番事业来，这才是最重要的。

小依是一所名牌大学毕业的大学生，毕业后，本可以在自家的家族企业中上班，不仅可以获得丰厚的薪资，而且还能获得一个不错的领导职位，指挥"千军万马"是何等的壮观，但是小依并没有为家人开出的条件所动，而是选择了偏远山村去支教，一个博学多才的大学生，本就应该选择更大的舞台去实现自己的价值，家里人都很不理解，而小依却说："虽然去农村支教是艰苦了一点，但是那里照样能实现我的价值，我可以学到很多我在大城市里学不到的东西，何乐而不为呢?"

其实，当今社会，也有很多不迷恋于高职位、高待遇，而选择适合自己职业的人。我觉得这是现代人应该具备的职业观，那就是，一个人价值的实现，并不一定看他有多高职位、多大的官衔，是否从事热门的、有"面子"的职业，而重要的是看这个职业能否实现自身的价值。只要是有利于实现自身价值的，同时又是自己熟悉的、喜欢的职业，应该说就是最适合自己的职业，至于别人怎么看，并不重要。而且也可以相信，随着社会和人的全面协调发展，以及人们思想观念的变化，大家对这种选择也会越来越理解。

生活中往往有的人不明白这一点，十分看重面子，金钱，不论自己行不行，喜不喜欢，蒙头就砸进了充满铜臭味的社会中，这种做法，不但不能实现自己钱财万贯的美梦，反而自己的发展也会受到限制，一味地好面子，注重金钱，其实这样的举措并不高明，甚至还会显得你这人非常愚昧。

其实，人生有许多事情可做，最重要的是知道自己最适合做什么，只有做自己最适合的才是最愉快的，也才是最容易做好的。刚刚毕业的大学生对自己的职业没有一个完整的定位，往往都是抱着"边走边瞧，边走边跳，走一步算一步"的想法，没有一个明确的职业认识，也没有完整的职业生涯规划，这样做是不对的。还有一大部分大学生抱着"皇帝的女儿不愁嫁"的心态，不能客观地评价自己，这也是不正确的。

凡事预则立，不预则废。因此，毕业生在择业时，应客观、全面地评价自己，了解社会需要，选择有利于自己长期发展的职业，这才是明智之举。在众多的毕业大军中，你才能脱颖而出，在职场上才能更好、更快地获得成功，得到社会的认可。

职业定位有两层含义，一是确定你自己是谁，你适合做什么工

作，二是告诉别人你是谁，你擅长做什么工作。人的职业生涯是有限的，如果一个人在职业生涯中忽略了定位，在发展中就会盲目，就很难抓住机会。做好职业定位，其好处有：

1. 定位准确可以持久地发展自己

很多人事业上发展不顺利不是因为能力不够，而是选择了并不适合自己的工作，并没有认真地思考一下"我是谁"、"我适合做什么"，也因为不清楚自己要什么，从而无法体会如愿以偿的感觉。

2. 定位准确可以善用自己的资源

集中精力发展，而不是"多元化发展"，是职业发展的一个规律，有些人多年来涉足很多领域，学习很多知识，博而不专，虽然表面看起来什么都懂，无所不知无所不晓，但其实内部很虚弱，每一项能力上都没有很强的竞争力，外强中干。

3. 定位准确可以抵抗外界的干扰，不会轻言放弃

有的人选择工作，用现实的报酬作为准则，以至于放弃自己本已不错的职业。给自己准确定位，你就会理性地面对外界的诱惑。

4. 正确地给自己定位可以更好地发展自己

正确地给自己定位，可以调动一切有利因素帮助自己发展。比如年轻人在写简历和面试的时候，应准确地介绍自己，使得面试官迅速地了解你。

有的人在职业上摇摆不定，使得单位不敢委以重任；还有的人经常换工作，使得朋友们不敢积极相助。定位不准，就好像游移的目标，让人看不清真实的面目。

为自己的职业定位必须坚持：

1. 择己所爱

职业定位首先要想到自己喜欢朝哪方面发展，或者对哪种职业比较感兴趣。一般来说，只有从事自己喜爱的、感兴趣的工作，工作

20

本身才能给你一种满足感。

2. 择己所长

在竞争激烈的就业中，求职者必须善于从与竞争者的比较中来认清自己的所长和所短。

3. 择市所需

在进行职业定位时，不仅要了解当前的社会职业需求状况，还要善于预测职业发展趋势，以便能使自己的职业定位富有一定的远见。

定位如此重要，但如何才能为自己定位呢？

1. 要了解自己

主要是核心价值观念、动力系统、个性特点、天赋能力、缺陷等。

2. 了解职业

包括职业的工作内容、知识要求、技能要求、经验要求、性格要求、工作环境、工作角色等。

3. 不同目标的利弊得失

你可能会有多种职业目标，但是每个目标带给你的好处和弊端不同，你需要根据自己的特点仔细地权衡选择不同目标的利弊得失，确定一个最佳的目标方案。

4. 给别人了解你的机会

确定了自己的职业取向和发展方向之后，你需要采用适合的方式传达给面试官或者上司，以此获得入门和发展的机会。

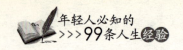
8. 盘点自己：手中是否有"绝活"

从现在开始，你应该仔细地掂量一下：你是否有真本事？是否是真金子？有真本事，是真金，手中要有绝活，才能上也要有过人之处才行。一句简单的话：真金是需要靠实力去证明的，只有先将自己的本领修炼好了，你才有资格去考虑被伯乐赏识的事情。

人们常说："家有良田万顷，不如薄技在身。"拥有一技之长，是安身立命的本钱；而精通于某一职业，某种绝活，则是一个人飞黄腾达的前提。很多人一生碌碌无为，一事无成，都是因为没有能够潜下心去修炼一种真本事、真技能，所以成不了真金子，人生也就永远黯然无光。

你为什么没能修炼一种"真本事"，不是一颗真金子？其原因不外乎以下几种：

1. 好高骛远，不愿意从基础和基层做起。

每颗珍珠原本都是一粒沙子，但并不是每一粒沙子都能成为一颗珍珠。

你想要卓尔不群，一定要有鹤立鸡群的资本才行！然而，要练就鹤立鸡群的资本，就必须要忍受住打击和折磨，承受住忽视和平淡，否则，很难达到辉煌。尤其是对于当下的年轻人来说，要想自己被重用，要想获得成功，就必须要把自己当成一粒沙子，不断地去忍受和磨炼才行。

很多人总是感慨：这么日复一日重复最基本的传递文件、修改整理、打印等基础工作，本身就是个打杂的，什么本领也学不到，还谈什么发展呢，于是就频频跳槽，几年过去了仍旧一事无成，没能修炼出一种真本事来。

要知道，许多伟大的人物都是从基层做起的：李嘉诚原本只是茶馆的小伙计；周星驰是从跑龙套做起的；童第周原本只是一个清扫工……正是这些基础、琐碎的工作，才磨炼出了他们的真本事。

年轻的洛克菲勒，原本是一家石油公司的普通员工，他的工作极为普通而简单，甚至连小孩都能够胜任：在生产车库装满石油的桶罐通过传送带输送至旋转台上，焊接剂从上方自动地滴下，沿着盖子滴转一圈，作业就算结束，油罐下线入库。

洛克菲勒的工作就是注视这道工序，查看生产线上的石油罐盖是否自动焊接封好。从清晨到黄昏，他过目几百罐石油，每天如此。刚开始的时候，洛克菲勒也很想换一份工作，要知道，他的理想可是做一名著名的技术工程师，他才不愿意每天待在生产车库做这么简单无聊、默默无闻的工作。

不过，一种对公司的爱促使洛克菲勒静下心来，他知道自己只要做好手边的工作，才有可能做好其他更重要的工作，于是他每天都认认真真、全心全意地投入到工作中，干得不亦乐乎。时间长了，他还发现罐子旋转一周，焊接剂共滴落 39 滴，焊接工作即告结束。洛克菲勒开始思考了：是否有什么可以改进的地方？如果能把焊接剂减少一二滴，是不是会节省生产成本呢？

说干便干，一番试验之后，洛克菲勒研制出了一款 37 滴型焊接机，但是该机焊出来的石油罐偶尔会漏油，质量缺乏保障，公司没有肯定洛克菲勒的研制。但洛克菲勒没有灰心，经过再一次的分析研究之后，他又研制出了一款 38 滴型焊接机，这次公司非常满意。

不久，公司大量生产出这种 38 滴型焊接机，虽然只是一滴焊接剂，但每年却为公司节省了 5 亿美元的开支。渐渐地，洛克菲勒成为

了这家公司的高管，并成为了美国第一代亿万富翁。

小事是成大事的基础，只有把小事做好，才能练就做大事的真本事。为此，要想自己成为"真金"，就要客观公正地看待自己的能力，结合自己的实际情况冷静地选择，尽可能到基层，从最小的事情上去修炼自己的本事，这是成就大事的基础。

所以，从现在开始，一定要好好沉淀下来，低就一层不等于低人一等，今天的俯低是为了明天的高就，所谓生命的价值，就是我们的存在对他人有价值。能被别人使用是一件好事情，无人问津才是真正的悲哀！

2. 缺乏坚持的毅力。

罗马不是一天建成的，绝活也不是在一天两天内就能磨炼成的，它是一个长期坚持的过程。然而，在现实生活中，很多人频繁地跳槽，不停地更换岗位，久而久之，形成了惯性，最终一无所精，一无所长。

要知道，什么都能做，什么都不擅长，可有可无的下场就是丧失职场竞争力。你能做的一个普通的人也能做的工作，老板凭什么花两三倍的薪水养着你？什么是人才？真正的人才就是具有不可替代性，只有手中有"绝活"的人，才不可替代。

所以，从现在开始，我们一定要充分地认识自己，正视自己可开掘的潜力，不要盲从，要找准方向，"一口井执着地挖下去"，不信它不出泉水。

3. 将精力用于投机。

现实中还有一些人，当自己的本领到了一定的程度之后，不花精力去突破职业瓶颈，而是花费大量的精力去研究那些靠权谋、心计上位的成功案例。这些人总是爱参与到办公室的是是非非之中，将主要的精力都用在"拉帮结派"中，降低了个人的职业能力，一旦出现人事地震，就会因为能力滑坡，而失去永久的发展机会。

要知道，公司是个营利性组织，那些靠实干、靠真本事成功的人更容易赢得公司和老板的信赖，这是获得职场长久生存和发展最为保险的方法。靠实干"拼"出来的绝活，会让你受用终身。

为此，要更早地练就一手绝活，一定要兢兢业业地对待你的工作，做任何事，都需要一个过程，脚踏实地，才能根基牢固，才不会在真正用的时候不堪一击。为此，我们要把主要精力都用于分内的事情上，让自己尽早成为真金，迟早会有出头的一天。记住：你的注意力在哪里，你的命运就会在哪里。注意力对于人来说，就像是阳光一般，注意力所及之处，你就会成长；忽略，只会使自己枯萎。

9. 认识自己，清点自己

在希腊阿波罗神庙的石板之上，古希腊的先哲们在上面刻下了这样的箴言："认识你自己。"审视自己、认识自己、清点自己，才能在现实中找到适合自己的人生发展方向，才能规划好自己的职业选择，这对于个人的成功，有着事半功倍的效果。相反，如果你在迷茫的状态下，在一个不适合或者不擅长的方向辛苦努力，成效可能会很小，甚至会无功而返。

一位大学生，因为来自一个条件艰苦的偏远山区，所以在学校学习很是刻苦，上课认真听讲，做好笔记，在没课的时候一定会在自习室埋头苦学。几年后，就以优异的成绩毕业了。毕业之后，他自视清高，他给自己定下了一个极高的目标，那就是通过5年的奋斗，要在这座城市买房购车，10后，要过上"有钱有闲"的生活。

要达成这个目标，他必须要选择那种高收入的行业才成。到人才市场了解一番之后，他打算去做销售，因为只有在这样的岗位上努力，才能让自己尽早成功。在极为盲目的情况下，他就选择到一家电子销售公司做业务员，底薪很低，但是他坚信，只要自己付出努力，就一定能拿到高额的销售提成。

然而，现实总是残酷的，5年转眼间就过去了，他还在自己的岗位上不停地挣扎，为买房子而焦头烂额，原因是，他内向的性格根本不适合做销售工作，每次见客户或者约客户吃饭，都难受万分，尽管很努力，但是因为性格内向，不懂得沟通技巧和说话方式，无法得到客户的喜欢，几年下来，销售业绩平平，拿的薪水也只能够解决最基本的生活问题，更别提实现自身的目标了。

5年后，他对自己当初的选择懊悔不已，深刻地认识到如果他当初及早地认清楚自己，选择一份研究性质的工作，也不至于走到这样的地步。

不是付出了努力就等着得回报，在不认清楚自己的情况下，盲目地选择，只会让自己成为一只失去方向感的苍蝇，最终忙忙碌碌，一无所成。所以，从现在开始，在做选择之前，只有认清楚自己，认清自己的性格、特长，清点自己有多少做事的能力，才能结合现实，找到属于自己的位置，发挥自身的特长，成就非凡的人生。

生物学家达尔文在16岁就被父亲送到爱丁堡大学学医，这期间，他每天唯一能做的就是读大量枯燥的医学文献，然后再回去写报告。

对于达尔文来说，那是一段可怕的噩梦一般的时光，在这期间，他的脑海中经常盘旋着这样的意念：这不是我想要的，我要逃出去。几年的学医生涯，他并未取得任何成绩，而且还对医学产生了抵触感。其实，在学医期间，他自己就对自然历史产生了浓厚的兴趣，经常到野外去采集动物和植物的标本。

后来，他开始不断地反思自己，认识自己，曾经十分谦虚而又自信地谈到自己的性格："热爱探索自然，善于观察又十分喜爱收集事实材料，而且对问题都会不倦地思索、锲而不舍。"同时，他又客观地评价了自己的才能："我的记忆范围很广泛，但是都比较模糊……在想象力方面也不很出众，也谈不上机智。所以我应该是个蹩脚的评论家。"在清醒地认识到自己之后，他决定去做自己喜欢的工作，那就是自然科学。后来，他有幸进入农学院，仍旧坚持自己的兴趣爱好。他的父亲曾认为他"游手好闲"、"不务正业"，一怒之下，在他19岁时，又送他到剑桥大学，改学神学，希望他将来成为一个"尊贵的牧师"。然而，在这期间，达尔文对自然历史的兴趣变得更为浓厚，完全放弃了对神学的学习。在剑桥期间，他结识了当时著名的植物学家亨斯洛和著名地质学家西基伟克，并接受了植物学与地质学研究的科学训练。后来，经过不断努力，在历经了5年的环球航行之后，在自然科学方面为人类做出了划时代的巨大贡献！

只有真正深入地剖析和了解自己的性格及特长，才能更清楚地认识自己，找到与自身特点相对应的人生目标，才能用自身所长攻其一点，攻出成果，由此及彼，不断扩大。认清自身的性格，找到合适自己的发展方向和发展目标，开发属于你的领域，这是通往成功的一条捷径。

那么，在现实中，我们如何才能更清楚地认识自己呢？

1. 首先要认识自我与社会、个人与集体的关系。就是要认清楚现实，不要想当然地认为，凡事只要努力就可以走向成功。要知道，社会是现实的，并非每条道路都可以通向成功，只有将自我的特点与社会融洽地结合起来，才可能打通成功之道。

2. 认识自己要明确地知道自身的性格特征，同时也要看到自己的长处、优点，又要看到自己的缺点和不足。在选择的时候，要尽量

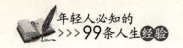

选择那些能发挥自身长处的岗位，这样你才能充满信心，迎接生活的挑战。

3. 清点自身的做事能力，就是明白自身具备哪些技能、素养，正确地估算自己目前能做哪个层次的工作，给自己一个合理定位，在合理的岗位上不断提高自己，一步步靠近成功。

当然，以上三点是认识自己、清点自己的基本点，对于不同的人，在人生起步阶段，在面对不同的选择的时候，还要根据现实情况，综合详细地剖析自己，这是你迈向成功的基础。

第二章

年轻人，初入社会
要盘活你的行事思路

　　思路决定出路。生活工作，没有思路不行；组织管理，没有思路不行；企业经营，没有思路不行……在逆境和困境中，有思路就有出路；在顺境和坦途中，有思路才有更大的发展。

　　年轻人在事业、工作、人际关系、生活等方面会遇到很多困境和难题，它们影响命运、决定成败。如何解决这些问题，需要正确的思路。明确思路对人们在人生定位、心态、思维模式、职业发展、人际关系、做人做事、能力培养、生活习惯等方面存在的重要问题进行剖析，提出解决这些问题的正确思路，以帮助广大年轻人突破思维定式，提高处理、解决问题的能力，克服困难，从而成就辉煌的事业和美好的人生。

1. 要学会面对现实，巧避鸵鸟心态综合征

美国心理学家提倡的鸵鸟心态是指：

遇到危险时，鸵鸟会把头埋入草堆里，以为自己眼睛看不到就是安全的。虽然鸵鸟跑得很快，但却采取回避态度。它是一种逃避现实的心理，也是一种不敢面对现实问题的懦弱行为。

年轻人如果面对社会的压力就采取回避态度，而不是正视现实，勇于面对，结果只会使问题更趋复杂、更难处理。

生活在社会中的人，有着太多太多的压力。勇敢的人会面对现实，勇于挑战，而懦弱的人，会像鸵鸟一样，为逃避压力，常常故步自封于自己仅有的水平和本领，失去锻炼自己、挑战生活的机会。

为什么别人有私家车上下班，而我只能每天挤那该死的公交？为什么成功偏偏不属于我……人生路上有着数不尽的荒漠、幽谷、高山，也有激流、雷电霹雳、风雨交加。那么，我们应该怎么办？是选择逃避、默默承受，还是面对现实，抗争到底？

黑格尔说过："凡是存在的，都是合理的。"生活即是如此。面对困难，勇敢面对，才能让生命无憾。

年轻人正处于人生十字路口的迷茫阶段，很容易迷失自己，一方面容易盲目自大，认为自己无所不能，另一方面又极其容易自卑，一旦遭遇挫折，就自暴自弃，怯于面对，从而不敢挑战自我。

李慧在公司做普通文职已经五年了，依旧没有得到任何晋升。她很纳闷，因为按照公司的规定，工龄只要满一年就有机会晋升一次，可是当初一起进来的同事，不是涨了两倍的薪水，就是提高了职位，只有自己还是破牛车一架。

终于有一天，她愤愤不平地去找主管，想讨个说法。

主管说："你知道问题出在哪儿吗？"

她说："我从不迟到，工作努力，做人正派，从不出风头，也不抢功，怎么会有问题？"

主管说："你确实很敬业，找不出任何的毛病，但你不敢接受挑战性的工作，认为不犯错误就是工作优秀的表现。你不信任自己，公司怎么可能信任你呢？"

李慧此时恍然大悟。

懈怠畏缩，一切都不可能。奋发图强，一切都有可能。

成功者与失败者的区别也许就在这里。前者比后者多了几分自信和勇敢，不甘平庸，于是就成功了。而后者面对艰难和挑战，经常会绕路走开，忽视了自身的强大潜力，于是就失败了。

刚刚步入岗位的大学生，正是青春年少的时候，才是躲藏的时候，不是安逸享乐的时候，更不是伤感怀旧的时候。一个人要想成功，就要敢于做自己本来害怕做的事情，做那些本以为不可能的事情。要知道，在你的面前，永远没有什么事情是不可战胜的。

要想成功，就绝不能学鸵鸟，当你越到困难的时候，越不会选择去逃避，直面现实，充满自信，这时候你从头到脚都将充满震慑力，因此，要想成功，就必须做到：

1. 增强自信心。

人不敢面对现实，是在逃避现实，是逃避责任，是一种不自信的表现。一个人没有自信，人生就没有光彩。自信才能够自强，自强才会有自尊。

选择逃避，只会让你更害怕面对，那么一切理想、抱负都只是痴人说梦。坦然面对现实的一切，理想才能照进现实。

2. 找出自己的优点，并不断地暗示自己，强化自己。

3. 提高自己抗挫折的能力，努力改变糟糕的现状，让自己活得

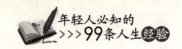
更好。

年轻人，从现在开始！面对现实，勇于直面困难或挫折，选择适合自己的目标，规划一条属于自己的人生地图，从现在开始你崭新的人生旅途。

2. 给自己的人生做一个规划

上帝问三个凡人："你们来到人间是为了什么呢？"

第一个人回答："我来这个世界是为了享受生活。"

第二个人回答："我来这个世界是为了承受痛苦。"

第三个人回答："我既要承担生活给我的磨难，又要享受生活赐予我的幸福。"

上帝给前两个人打了 50 分，给第三个人打了 100 分。

上帝最后总结说："人既要承受痛苦，也要享受生活，这才是完美的生命和有价值的人生。"

人生在世，应具有明确的奋斗目标。一个人有了明确的目标，也就产生了前进的动力，生命才会有价值。一艘没有航行目标的船，任何方向的风都是逆风。

人生是一场旅行，旅行的路线不同，沿途的风景就不同，最后到达的终点站也不同，在这一点上，不是"条条大道通罗马"，而是千差万别，南辕北辙，一错铸成千古恨。多少遗憾，多少追悔，多少辛酸，多少捶胸顿足，皆因选错了旅行线路。悲剧是可以避免的，这要看我们如何选择人生旅行路线，即如何给自己的人生做一个适合的规划。

给自己制定目标，一年，两年，五年，也许你出身不如别人好，通过努力，往往可以改变70％的命运。

哈佛大学有一个非常著名的关于规划对人生影响的跟踪调查。

调查的对象是一群智力、学历、环境等条件差不多的年轻人。调查结果发现：27％的人没有规划目标；60％的人规划的目标模糊；10％的人有清晰但比较短期的目标规划；3％的人有清晰且长期的目标规划。25年的跟踪研究结果显示，他们的状况及分布现象十分有意思。那些3％有清晰且长期目标的人，25年来几乎都不曾更改过自己的人生目标。25年来他们都朝着同一方向不懈地努力，25年后，他们几乎都成了社会各界的顶尖成功人士。他们中不乏白手创业者、行业领袖、社会精英。那些10％有清晰短期目标者，大都在社会的中上层。他们的共同特点是，短期目标不断被达成，状态稳步上升，成为各行各业的不可或缺的专业人士，如医生、律师、工程师、高级主管，等等。而那些占60％的模糊目标者，几乎都在社会的中下层，他们能安稳地工作，但都没有什么特别的成绩。剩下的27％是那些25年来都没有目标的人群，他们几乎都在社会的最底层。他们都过得不如意，常常失业，靠社会救济，并且常常都在抱怨他人，抱怨社会，抱怨世界。

其实，每个人的内心深处都有一种成功发展的渴望。如果你能发掘它，便能找到成功的方向，找到一种支持你不懈努力的持久力量。然而，正如西方的那句谚语所说，"如果你不知道你要到哪儿去，那通常你哪儿也去不了"。有的人将成功界定在良好的教育背景和先天的环境条件上。虽然这些也是事业发展的基础之一，但远远不能带来真正的成功。成功的事业还需要准确的、计划性的人生规划。

如何做一个适合自己的人生规划？

1. 认识自己，了解自己

找到一个适合自己的人生规划首先一点就是了解自己，认识自己。如果没有认清自己，你根本就做不了适合自己的规划。

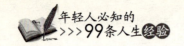

安葬于西敏寺的英国国教主教的墓志铭是：

我年少时，意气风发，踌躇满志，当时曾梦想要改变世界，但当我年事渐长，阅历增多，我发觉自己无力改变世界，于是我缩小了范围，决定改变我的国家。但这个目标还是太大了。

接着我步入了中年，无奈之余，我将试图改变的对象锁定在最亲密的家人身上。但天不遂人愿，他们个个还是维持原样。

当我垂垂老矣，我终于顿悟了一些事：我应该先改变自己，用以身作则的方式影响家人。若我能先当家人的榜样，也许下一步就能改善我的国家，再后来我甚至可能改造整个世界，谁知道呢？

人生在世，时光宝贵。人生不能没有规划，没有规划的人生将一事无成；同时规划要切合实际，符合自己。其主要包括：

（1）找到自己的兴趣爱好

兴趣爱好是世界上最好的老师。根据自己的喜欢爱好，向自己兴趣爱好的方向发展进行规划，如果是一个没有兴趣的目标即使规划得再好，也只能说适合别人不适合自己。

（2）认清自身的能力

了解自身的能力是做一个好的人生规划的基础，不然再好的规划也是摆设。

（3）确定自己的性格特质与天赋

一个人在通向理想的道路上总会遇上不能称心如意的事情，只是看我们承受的压力是否受得住。同时，每个人都有自己的缺点，在成就理想的过程中应克服自己的缺点，使之得到净化和升华。

做什么事，都要有爱心、信心、恒心和耐心，只有这样才能将事情做好。

2. 目标规划

你认识了自己，了解了自己，那么你就知道了自己的梦想是什么，或者说是目标。人活在世上肯定不满足现状，梦想以及目标相对也有很多个，那么在这些目标当中你就必须明确自己的目标，一步一步去实现。你可将目标分为近期目标、中期目标、远期目标，分阶段实现，这样才能让你有更大的兴趣冲击你对梦想的渴望，才不会让你感觉到这个梦想很难，产生想放弃的念头。

3. 执行力

明确自己的短期、中期、长期目标以后，接下来就是执行力的问题了。为自己做好一个合适的人生规划，还需要说做就做的行动力。

戴高乐曾经说过："眼睛所看到的地方就是你会到达的地方。伟人之所以伟大，是因为他们决心要做出伟大的事。"因此，要使自己的人生精彩些，首先应给自己一个明确的理想，它有足够的难度，但又有足够的吸引力。你愿意为此全力以赴，那么你就可能获得成功。

3. 用"爬山精神"去经营你的目标

制定了规划和目标之后，就要用"爬山精神"去经营你的目标。对此，新东方董事长俞敏洪说："所有结婚的人都有所感受，当你追女孩的时候就是目标，当你结婚了追到手了就是成功，当结完婚了很迷茫了，就是离婚了。把这个说法拓展一下，一个成功就是一个所谓的过程，当你想爬到那个山以后，从山脚下爬山到达山顶的过程，每往上走一步，每绕过一个石头，每穿过一个森林就是一个生命过程，经过这个生命过程也是一个成功，走过那个目标的过程，不管怎样走，只要能达到就是成功，但是当你得到成果后还有新的目标出现，当爬过山头的时候会发现还有另外一座山头等着你，通常那个山头比这个山头高，你就继续往前。"就是告诉我们，成功是一个目标接着一个目标不断跨越的过程，要达到最终的成功，就要将自己

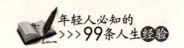

的大目标分割成一个个的小目标，给自己的人生做个规划，进而不断地鞭策自己，最终实现大目标。

对此，卡耐基也有相似的理论："我非常相信，及时把自己的大目标分划成几个小目标，给自己的人生做个基本的规划，是获得心理平静的最大的秘密，因为我心中时刻充满了信念。而我也相信，只要我们能定出个人规划来，什么样的事情都是值得我去做的。并且我能够清楚地知道自己的下一步该去做什么，我需要过一种什么样的生活。如此一来，至少可以消除掉我50％的忧虑！"由此可见，要实现你的大目标，做出一番大事业，单单享受实现阶段目标和积聚财富的快感是不够的，而应该不断地挑战自己，向更高的山峰攀登，眼睛盯紧一个大目标，在这个如同北极星一样的目标的驱使下，你才能够一步步地走上人生的巅峰，实现自己的人生价值。

生活中，很多富商曾经十分富有，而且深谙做生意的妙招，然而却在自己的钱财越来越多的时候，满足于当下的生活，放弃了继续努力的事业，选择了消极度日，沉迷于赌博式的生活，最终因为赌博而失去了自己所有的财富，让人生回到一个新的起点，这样的人生是失败的，是不能长久地维护自己的财富的。

最新的调查显示，全球大部分的超级富豪在过去的20年都不能够很好地守住巨额的财富，他们的"败家率"达到了80％。有人就将《福布斯》杂志最新的全球400位首富排行榜与20年前的进行了对比，结果就发现，平均每5名有名的超级富豪中，仅仅只有1名能在榜上屹立不倒。大多富豪破产的原因，除了巨额财富增加了管理的难度之外，就是因为满足于现状，不注意节约自己的开支，挥霍浪费自己的财富，最终导致破产。

要想成为笑到最后的人，一定要不断地挑战自我，挑战人生的高度，这才能在成功的道路上越走越远。生活中，有些人在前进的道路上步步向前，极为充实；而有的人则止于中途，让心灵感到迷惘，其主要原因就在于，后者没有为自己的生命做好一个规划，满足于眼前的状态，最终一败涂地。

早期的太空英雄巴兹·奥尔德林在自己成功地登陆月球后不久就精神崩溃，他的亲朋好友都对他的遭遇感到极为困惑，因为奥尔德林在登月之后，其感情和家庭方面都很春风得意。

几年后，奥尔德林在他撰写的一本书上回答了周围人对他遭遇的这种疑问。奥尔德林这样写道："导致我精神崩溃的原因很简单，因为我忘了自己在登月之后，自己以后该做些什么！自己如何才能继续生活下去。"

这就是说，奥尔德林除了登月这件工作之外，在其他方面没有任何的目标，对自己的人生从来没有做过规划。所以，他一回到地球，便无法在真空中找到一个属于自己的生活方向，最终使自己的精神处于崩溃的边缘。这也如我们登山一样：如果是一条我们曾经走过的熟悉的道路，或者我们在出发之前仔细阅读过地图，便可以知道前面有一些什么，知道再走几百米就可以休息，再走多远就有一处美丽的风景，这样有规划地走起来，会觉得自己的全身都充满了力量。如果我们的前面是一条完全陌生的路，那么，我们可能走几十米就会感到气喘吁吁，最终把自己累得苦不堪言。

我们自从来到这个世界上，一生都是在赶路的，而路时刻就在自己的脚下不断向前延伸。只有知道方向的人，才能在人生空间的坐标中找准自己的位置，才知道自己为何要向那个方向前进。而不清晰方向的人，则永远不知晓自己的具体位置，不知道未来要去向何方，更不知道自己存在的意义。所以，从现在开始，请为我们的人生做出一个合理的规划，为生命的每一天都列出一个清单，并努力踏着你的规划向前，相信这样，你永远不会感到迷惘，最终也能收获到梦想的果实，获得有意义、快乐的人生！

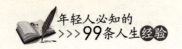

4. 把反省自己当成每日的功课

在广袤无垠的非洲大草原上，生活着羚羊和狮子。一天清晨，羚羊从睡梦中醒来，它想的第一件事就是，我必须比跑得最快的狮子还要快，否则，我就会被消灭。而狮子也同时在想：我必须比跑得最快的羚羊快，否则我会被饿死。

这则寓言告诉我们，人要懂得不断淘汰自己，每天更新自己。年轻人就如同生长在非洲草原上的羚羊，你不想被凶悍的狮子吃掉，你就必须意识到每天面临着威胁；即使你很强大，你也要不断提升自己，否则总有一天会被别人超越。

孔子曰："吾日三省吾身。"这是圣贤的修身养性之道。深刻提醒自己，检省自己的言行。反省是提高自我认识水平进步的动力，是对自我的言行进行客观的评价，认识自我存在的问题，修正偏离的行进航线。

在很久以前，在一片大森林里，生活着一群熊。有一天，这片森林被雷电焚烧，为了生存它们不得不向外迁徙。其中一部分来到了北极，迫于生活，它们逐渐改变了原有的生活习惯，学会了在冰冷的海水捕食鱼虾，继续繁衍后代，并且身体比以前更结实、更凶猛，它们就是现在的北极熊。

而另一部分熊来到了生活条件相对舒适的盆地，可它们发现这里的肉食动物太多太厉害，自己根本无力跟它们竞争。为了避免竞争给它们带来的威胁，它们决定改吃竹叶。由于没有其他动物和它们竞争，渐渐地，它们变得体态臃肿，思维迟钝，这就是现在濒临灭绝，靠人类帮助才免遭灭亡的大熊猫。

在机遇面前人人平等。如果不主动地去竞争，不断去更新，迟早也会是大熊猫一样的遭遇。对于年轻人，面对每年不断的高学历的学弟学妹们"虎视眈眈"的样子，原地踏步只能是死路一条。不反省不会知道自己的缺点和过失，不悔悟就无从改进。要把反省自己当成每日功课。

一个背叛夏的诸侯扈氏率兵入侵夏，夏禹派他儿子夏启抵抗，结果启被打败了。部下很不服气，要求继续进攻，但是夏启却说："不必，我兵比他多，地也比他大，却被他打败了，这一定是我德行不如他，带兵方法不如他的缘故。从今天起，我一定要自我反省，努力改过才是。"

从此，他每天夙兴夜寐，粗衣素食，关心百姓生活、生产，敬贤重士，选拔人才。过了一年，扈氏知道了，不但不敢来侵犯，反而投降了。

金无足赤，人无完人。人总会有个性上的缺陷、智慧上的不足，而年轻人更缺乏社会历练，常常会说错话、做错事、得罪人。反省是砥砺自我人品的最好磨石，它能使你的想象力更敏锐，它能使你真正认识自我。

时代的步伐永不停止，生命的长河奔流不息。新时代是一个高速的信息时代，新旧交替日益加剧。那么作为年轻人，你们也应每天淘汰、更新自己，它会给你丰富的学识、充实的生活、成功的事业。

"人，若是能养成每天读 10 分钟书的习惯，20 年后，必判若两人。"耶鲁大学的校长海德雷说。若想在这个千变万化的社会中立足，就必须每天注入新鲜的血液，在新时代的浪潮中乘风破浪；每天淘汰自己，让自己充满正能量，使你在济济人海中崭露头角。

成功学专家罗宾认为："我们不妨在每天结束时好好问问自己下面的问题：今天我到底学到些什么？我有什么样的改进？我是否对所做的一切感到满意？"自我反省是一个自我总结，不断提高自己的过

程，这就需要从以下两点去看待自我反省：

1. 正视人性的弱点，认识反省自我的重要性

人们总是害怕暴露自己的弱点，而反省是一面心镜，通过它可以洞观自己的心垢，真诚地面对这些问题，其目的就是要不断地突破自我的局限，省察自己开创成功的人生。如果你每天都能反省自己的缺点，并加以改进，必然能够获得意想不到的丰富人生。

2. 反省是认识自我、发展自我、完善自我和实现自我价值的最佳方法

只要我们每天坚持"一日三省吾身"，时时叮嘱自己，在茫茫的人生旅途跋涉，我们心中必然会亮起一盏心灯。

3. 反省的立足点和取向主要是针对自己

这不仅是自身素质不断完善的手法，而且是融洽人际关系的法宝。每天自己坚持问："我为朋友付出了多少"、"自己在这件事情上做出了什么"，等等。反省，就能使自己心平气和，善结人缘，力求进取，开创光辉的人生。

5. 忍一时之气，免百日之忧

寒山问："世人秽我、欺我、辱我、轻我、贱我、恶我、骗我，我应该怎么办呢？"

拾得答："那只有忍他、由他、避他、耐他、敬他、不要理他，过几年你且看他！"

拾得的"忍"，是一种智慧，是一种力量。正所谓"忍一时风平浪静，退一步海阔天空"。反之，"小不忍，则乱大谋"。韩信能受胯下之辱，励志奋发，终能拜将称王；司马迁忍一时之辱，励精图治，

终成一家之言《史记》。反之，吴三桂忍不下妻妾被掳，冲冠一怒为红颜；周公瑾禁不起三气，一命呜呼。

人生在世，不如意之事常十之八九，总会遭遇一些非议和委屈，但综观古今中外，凡是能成大事的人都懂得忍。

公元前496年，年轻的越王勾践以范蠡为军师，大败吴国。

三年后，吴王夫差攻破越都会稽，勾践被迫屈膝投降，并随夫差至吴国，臣事吴王，后被赦归返越国。

回到越国的勾践，放弃了舒适安逸的王宫，搬进了破旧的马厩中居住，忍辱负重，日日卧薪尝胆。二十年，他雷打不动，天天如此。

在大臣的辅助下，勾践他苦心励志，发愤强国，鼓励农桑，奖励生育，使越国国力一天天壮大。

经过十年的艰苦奋斗，越国变得国富兵强，于是越王亲自率领军队进攻吴国。

公元前482年，越军再次大破吴国，吴王夫差羞愧地在战败后自杀。

后来，越国又趁胜进军中原，成为春秋末期的一大强国。

忍，不是弱者的表现，忍，是智慧的象征。一个人只要能够凡事忍耐，忍一时之气，在经历一番风霜雪雨后，终能拨云见日，赢得成功。勾践卧薪尝胆二十年，忍人所不能忍之辱，最终创下了人类君王史的奇迹！

而如今，对于大多数"不能忍一时之气"的年轻人来说，要想出人头地，有所成就，就必须忍住一时之气。

风雨欲束，凭栏眺望，阳光总在风雨后，挫折和苦难都是暂时的。苏轼说："匹夫见辱，拔剑而起，挺身而斗，此不足为勇也。天下有大勇者，猝然临之而不惊，无故加之而不怒，次其所挟持者甚大，而其志甚远也。"面对困难，我们何不一笑而过，忍一时之气，

显大丈夫之风，高挂前进的风帆，前方就是成功的彼岸！

"忍一时之气"不仅是一种自我保护行为，也是成就大事所必需的一种素质。它是一种手段、一种策略，现在痛苦地忍耐，只是为了未来能够扬眉吐气、位居上风。要成就大业，就得分清轻重缓急，该忍的就得从长计议，从而实现理想，成就大事，创建大业。

所以对于年轻人来说，认清职场上的"气"，如果你能做到相信一定能驰骋职场，所向无敌。职场上的忍辱负重包括两个方面：一方面，忍一时之旁落，工作上，有时候你会得不到领导的赏识、重用，这时你要忍，不断加强自己的能力；第二方面：忍一时之不公。

6. 虚怀若谷，大智若愚

大声希音，大象无形，真正聪颖之人，必是谦和低调的。

木秀于林，风必摧之；人浮于众，众必毁之；曲高者，和必寡。大智若愚的涵养是一种智慧的表现。鹰立如睡，虎行似病。生活中聪明的人常常用"藏巧于拙，用晦而明，聪明不露，才华不逞"等韬略来隐蔽自己的行动，可以达到出奇制胜的目的，大智若愚，实乃养晦之术。

年轻人无论在日常生活中还是在职场上，唯真诚稳重，才能使人尊重；谦虚谨慎，才能让人看重。那种夸夸其谈，自吹自擂，虚张声势，华而不实之人，是遭人们厌恶的；那些才华横溢，锋芒太露，易出风头，惹人注目的人，是容易遭人暗算的。真正知识渊博，真诚朴实的人，往往倒是行事寡言慎行，言简意赅，朴实无华，犹如春风拂面，让人心神舒畅，又像涓涓细流，沁人肺腑。

出头的椽子易烂，才大不可气粗，居高不可自傲。深藏不露，是智谋，是一种以静制动、以暗处明、以柔克刚，是为降格以待的智慧。

秦国大将王翦熟读兵法，善谋略。

一次，秦国攻打楚国，王翦率领大军出征。出发前，王翦请求秦王赏赐良田房屋。

秦王说："将军即率大军出征，为什么还要担忧生活的贫穷呢？"

王翦说："做大王的将军，有功最终也得不到封侯，所以趁大王赏赐我临时酒饭之际，我也斗胆请求赐给我田园，作为子孙后代的家业。"

秦王大笑，答应了王翦的要求。

王翦到了潼关，又派使者回朝请求良田。秦王爽快地应允，手下心腹劝告王翦。王翦支开左右，坦诚相告："我并非贪婪之人，因秦王多疑，现在他把全国的部队交给我一人指挥，心中必有不安。所以我多求赏赐田产，名为子孙计，实为安秦王之心。这样他就不会疑我造反了。"

综观古今成大事者，无不具有一个共同的特征：平凡中表现不平凡，在消极中表现积极，在无备中表现有备，在静中观察动，在暗中保护自己。

有些年轻人，在生活中无所不能，在职场上"叱咤风云"，却往往让人退避三舍、敬而远之；有些年轻人总喜欢炫耀、显摆、故弄玄虚、打肿脸充胖子，到头来，只不过是南柯一梦，最终只剩说不完道不尽的凄苦和苍凉。

虚怀若谷，大智若愚是人生的一种境界，能够进入这一境界的人，心胸宽广如海，有容乃大。年轻人如何才能做到虚怀若谷、大智若愚呢？

1. 姿态低调

低调做人是一种境界，一种修炼，一种体悟。行为上保持低调，

不只要在心态上调整好自己，更重要的是要在行为上调整好自己。在低调中修炼自己，才能真正走好自己的人生之路。

（1）锋芒内敛，才不外露

生活中，寒光森森的锐器往往会使人感到忧心和震慑，一个人的才智过露，在人与人的交往中会使人油然生出一种距离感，或产生回避、逃遁等心理意识，甚至成为你的阻力，成为你的破坏者。作为有才华的人，做到不露锋芒，既有效地保护自我，又能充分发挥自己的才华。

（2）花要半开，酒要半醉

凡是鲜花盛开娇艳的时候，不是立即被人采撷而去，也就是衰败的开始。人生也是这样。当你志得意满时，且不可趾高气扬，目空一切，不可一世，所谓枪打出头鸟，你就很容易成为对手攻击和围剿的"靶子"。所以，无论你有怎样出众的才智，一定要谨记：不要把自己看得太重要，不要太炫耀自己，收敛你的锋芒，低调做事。

郑庄公准备伐许。战前，他先在国都组织比赛，挑选先行官。众将一听露脸立功的机会来了，都跃跃欲试，准备一显身手。

在一场射箭比赛的人中，有个叫公孙子都。他武艺高强，年轻气盛，向来不把别人放在眼里。只见他拈弓搭箭，三箭连中靶心。他昂着头，瞟了最后那位射手一眼，退下去了。

最后那位射手是个老人，胡子有点花白，他叫颍考叔，他不慌不忙，"嗖嗖嗖"三箭射击，也连中靶心，与公孙子都射了个平手。

最后比赛只剩下打成平手的颍考叔和公孙子都。庄公又派人拉出一辆战车来，说："你们二人站在百步开外，同时来抢这部战车。谁抢到手，谁就是先行官。"

公孙子都轻蔑地看了一眼颍考叔，哪知一不小心脚下一滑，跌了个跟头。等爬起来时，颍考叔已抢车在手。公孙子都哪里服气提了长矛就来夺车。颍考叔一看，拉起来飞步跑去，庄公忙派人阻止，宣布颍考叔为先行官。从此，公孙子都怀恨在心。

颍考叔果然不负庄公厚望，在进攻许国都城时，手举大旗率先从云梯上冲上许都城头。眼见颍考叔大功告成，公孙子都嫉妒得心里发疼，竟抽出箭来，搭弓瞄准城头上的颍考叔射去，一下子把颍考叔射了个"透心凉"，从城头栽下来。

颍考叔的锋芒太露而惹祸上身。而大智若愚者在生活当中的表现是处处隐藏自己的聪明，做人低调，从来不向人夸耀自己、高抬自己，从而大受人们的欢迎。

2. 糊涂人办聪明事

俗话说："水至清则无鱼，人至察则无徒。"大智若愚，赢在糊涂。"难得糊涂"历来被推崇为高明的处世之道。适时地"装傻"，在人际交往中，不仅可以为人遮羞，自找台阶；可以故作不知达成幽默，反唇相讥；更可以假痴不癫迷惑对手。

大智若愚的根本意思其实是说在处理重大事情上不可糊涂、不可随便，而在无关大局的小事上不应当过于认真、过于精明。

任何时候，做人不妨内智外愚，迟钝木讷些，为人处世就更为顺畅一些。

最后，还要提防对手的大智若愚，千万不要被表象所迷惑，从而掉以轻心。聪明的人往往是最愚笨的，而愚笨的人则可能是最聪明的。大巧若拙、大智若愚，这是中国人生哲学中最高深的层面。

7. 该说"不"时要说"不"

对于刚刚踏上工作岗位的年轻人，在工作和生活中想做广受好评的"好人"，面对身旁上司、同事、亲友和朋友们层出不穷的各种

请求，都不好意思或者没有能力拒绝，最后被各种各样的请求所束缚，而让自己疲于奔命，常常使自己陷入苦恼。

不懂得拒绝别人的人或许会有好的人缘，但是也容易受伤，在适当的时候要学会拒绝，不要总是顾虑太多，该说"不"时要说"不"，这是为了正当地保护自己，也是做人处世的一条原则。

伏尔泰曾经说过："当别人坦率的时候，你也应该坦率，你不必为别人的晚餐付账，不必为别人的无病呻吟弹泪，你应该坦率地告诉每一个使你陷入一种不情愿、又不得已的难局中的人。"学会拒绝，可能会失掉一些肤浅的情谊，但得到的是彼此的尊重和体谅。善意的拒绝不仅对自己是一种解脱，对别人也是一种正确的认识！

人与人的交往中就是需要自己去表达自己的真实想法和感受，甚至有时需要用言语和行动来表达愤怒。只有这样，别人才会明白你的需要是什么，你讨厌和拒绝的是什么。不敢和不善于拒绝别人的人，实际往往得戴着"假面具"生活，活得很累，而又丢失了自我，结果受伤害的总是你。

泰勒是一名公司职工，参加工作已三年了。公司里是"忙人"，在人缘上也是"红人"，但是在业务上却是"盲人"。

除了上班外，剩下的时间几乎都是与同事们一起度过。为了一时的人情，他每天被同事指使得团团转，忙的都是他们剩下的边角工作，连晚饭都很少有空吃。同事们都叫他"加班达人"，他根本就没有休息。

可是万万没有想到，工作了几个月下来，恰逢公司裁员，泰勒这位最勤恳、却最没有特长的人，成了裁员表格上的首席名单。

为了一时的人情，盲目地"讨好"周围的人，每天辛辛苦苦，那么注定你再怎么辛苦，也无法讨好他们，最终吃亏的还是你自己。

当然，职场中搞好同事关系是应该的，但不能为了一时的"好感"，而成为一个很好"使唤"的同事。职场人很多适当的时候知道如何说"No"，比一直说"Yes"更能得到尊重。要知道如果没有自己的声音，没有自己的想法，结局将会如同泰勒一般，成为"牺牲品"。

拒绝不代表弱势，不意味着逃避或是偷懒。在智者眼中，拒绝是一种智慧的表现，它是对自己负责，也是对别人负责。

职场中，我们不能让每个人都满意。所以当别人有所请托时，一定要量体裁衣，当你遭遇美丽、温柔的陷阱时，该说"不"时要说"不"，不要不好意思和没有勇气说"不"，要巧妙地把"不"说出来，若是这种拒绝做得不好，那这种"不愉快"将会延伸。

美国总统富兰克林·罗斯福在就任总统之前，曾在海军部担任要职。

有一次，他的一位好朋友向他打听海军在加勒比海一个小岛上建立潜艇基地的计划。罗斯福神秘地向四周看了看，压低声音问道："你能保密吗？"

对方答道："当然能。"

罗斯福笑着说："我也能。"

罗斯福总统知道他的责任和他的义务不允许他的泄密，所以他将这种可能会蔓延的不愉快在幽默风趣中扼杀在"摇篮里"。

巧妙拒绝别人可以让双方在心理、情感上达到最佳效果。其宗旨是：掌握好尺度，不要伤害到别人。你可以按照以下这几个步骤进行：

1. 不要立刻就拒绝

别人有请求的时候，一定要认真倾听，不要别人还没说完就断然拒绝。这样会让别人觉得自己的拒绝不是草率作出的。

2. 语言要委婉

拒绝他人时，一定记得加上"实在对不起"、"请您原谅"、"实在

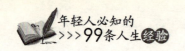
抱歉"等歉语，这样便能不同程度地减轻对方因遭拒绝而受的打击，并舒缓对方的挫折感和对立情绪。以婉转的态度拒绝，能促进双方思想的沟通和理解，坚固人缘关系。

3. 态度要坚决

态度要坚决，应明白干脆地说出"不"字，不能因为对方再次的说服而改变想法。

4. 必须指出拒绝的理由

指出真诚的并且符合逻辑的拒绝的理由最好，有助于维持原有的关系。

5. 对事不对人

一定要让对方知道你拒绝的是他的请求，而不是他本身。拒绝之后，最好可以为对方指出处理其请求的其他可行办法。

把握好了以上几点技巧后，年轻人在具体的工作场合，再根据具体的情况需要来采取具体的拒绝策略，这样，才会避免双方之间的感情受到伤害，影响了工作中的和谐气氛。

8. 守住自己的秘密，更要守住他人的秘密

秘密，顾名思义就是：有所隐蔽，不为人知的事情。在一定的时间和范围内，每个人心中都会有自己的秘密，不论是生活、工作等领域中，涉及范围十分广泛。既然是自己的私密空间，为了一定的利益而特意去维护这块领地，避免他人践踏，如何很好地去维护自己的这块私人领地，这就需要技巧，不仅要守住自己的秘密，有时候更应该去呵护他人的私人领地。

其实，能守住秘密，这既是对他人秘密的尊重，也是个人自尊的

一种表现。但是我们往往因为某些虚荣心理，而口无遮拦，和盘托出，不仅让别人更让自己蒙受到了损失。

从前，有一个富裕的王国，那里的国王英明、百姓勤劳、全国和乐融融。但是，国王有一个不为人知的烦恼，就是他的耳朵一天比一天长。国王每天都担心他的耳朵越来越长，如果百姓知道了，他们一定会嘲笑我……因此为了遮住长耳朵，国王特别定做了一顶大帽子。

全国的人民都很好奇：为什么国王每天都戴着大帽子呢？但是，没有人敢问，所以也没有人知道国王长了一对长耳朵。

有一天，国王发现自己的头发太长了，便请宫里的理发师进宫帮他剪头发。理发师小心翼翼地脱下国王的帽子，看见国王的耳朵，吓得直发抖。国王对他说："我听说你是个守信用的人，我要你发誓，绝对不会说出我长了驴耳朵的秘密，如果你违背了誓言，我就把你关起来！"理发师不停地点头说："您放心！我绝对会保密的！"

理发师回到家，邻居都跑来问："听说你进宫帮国王剪头发呀！那你知道国王为什么每天都戴着一顶大帽子吗？国王到底是不是秃头呀？"开始理发师只是摇摇头，什么也不敢说。但是没过多久，很多人都夸他居然能去为国王剪头发，他觉得非常自豪，再也满足不了自己的虚荣心了，于是就说出了国王长出了一对长耳朵。国王听到此事后气得大骂："你个不守信用的东西，留着你对世人是一种危害"。

于是叫人杀了这个理发师。

守住别人的秘密，或许并非一件易事。但当别人告诉你时，是本着对你极大的信任，才告诉你的，这个时候就是考验你的时候，能不能替别人保守这个秘密，让别人觉得你是可以信任的。

每个人的生活中，都会装着一个属于自己的一个小天地。在这个天地里容不得一粒沙子。高尚者懂得回避，甚至乐于帮助别人维护别人完整的领地；卑劣者不但做不到这点，反而还会去偷听他人

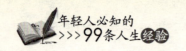
秘密，以满足自己内心的好奇和欲望，在世人面前肆无忌惮地大加议论，这样做，既伤害了别人，同时也害了自己。

想当初马克思在巴黎的时候，与诗人海涅之间的友谊，达到了"只要半句就能互相了解"的地步。海涅思想相当进步，写下很多战斗诗篇，夜晚他就到马克思家中朗诵自己的新作。马克思和燕妮就一起与他加工、修改、润色，但马克思从不在别人面前"泄露天机"，直到海涅的诗作在报章上发表为止。海涅称马克思是"最能保密"的朋友，他们的友谊为世人所羡慕、所称颂。

其实，很多时候，年轻人都因为图一时的口舌之快，而让自己和他人的秘密被暴露了出去。年轻人要明白，有些秘密对于你来说可能就像一滴水，融进大海是如此微不足道，然而它或许对别人来说，却影响着别人的一生，这个阴影会给别人留下一辈子的伤疤。一个自己都不能保守秘密的人，又怎能指望让别人替你保守秘密呢？

俗话说，"祸从口出"，有些时候往往就是因为你的一句话而害了别人。年轻人，如果你不想失去属于自己的领导，同时也不愿失去别人对自己的信任，那么你就得管住你那张嘴，不光为自己更要为别人保守秘密。这样，你才能在赢得别人敬重的同时，还能让对方把你当作人生中最可靠的知己。

如何做到既守住自己的小领地，又不侵犯他人的私人空间呢？

1. 学会倾诉

相信每个年轻人都有过向别人倾诉秘密的时候，相信每个人都有过倾听别人秘密的时候。每一位倾诉者，都得掂量秘密说出去后会不会被别人泄密，不能图一时释放的快感而留下祸害一堆。所以，选择与有口德的人做朋友是明智之举。

当别人向你倾诉秘密的时候，说明他信任你，并且认可你的人格。面临倾诉者最主要的是保守保密，静静地听，细细地想，善解人意地安慰，然后把秘密淹没、浇熄，不再生根发芽，不留节外生枝的机会。始终认为，倾听秘密然后消除秘密，是做人最基本的要求，也是准则。

2. 少说少听

每个人都有秘密，这种秘密是不能与人分享的。所以每个年轻人都要很好地守住自己的秘密，也要守住他人的秘密。这时就应该做到：一方面尽量少将自己的秘密告诉给别人，将自己的秘密悄悄地埋藏在心里，这样由自己保守比较安全；另一方面如果做不到保守别人的秘密，就干脆不要知道。知道的秘密越多，其实我们的思想负担就越重。做到不要去打听或分享别人的隐私，就能做到"守口如瓶了"。

9. 学会选择，懂得放弃

年轻人在前进的道路上，你们学会了该选择什么，思考了该放弃什么了吗？

这是一道非常有意思的测试题，不知影响了多少人，改变了多少人的一生。

你开着一辆车在暴风雨的晚上经过一个车站。有三个人正在焦急地等公共汽车。一个是面临死亡，等着急救的老人，他需要马上去医院。一个是医生，他曾救过你的命，你做梦都想报答他。还有一个女人（男人），她（他）是你做梦都想娶（嫁）的人，也许错过就没有了。但你的车只能再坐下一个人，你会如何选择？

从理论上来讲，每个人的选择都没错。没有什么比生命更重要，所以你决定救奄奄一息的老人，可是生老病死，自然规律。这样一想，你决定先让那个医生上车，因为他也救过你，而眼下正是一个最

好的报答机会。可是你又想，我下次可以补回来，但那个女人（男人）一旦错过了，就很可能永远见不到让你心动的她（他）了。毕竟这是关系你一辈子的幸福的大事，比其他一切分量都更重一些，所以你又决定带她（他）走。

最终，评委们对这些答案都不满意。他们一致认为最佳答案是：给医生钥匙，让他带老人去医院，而自己则留下来与自己做梦都想娶（嫁）的人一起。这样既顾全了道义，又报答了恩人，还保证了自己一生的幸福。

这个结果显然是令所有人满意的，但却几乎从未有人一开始就这样想过。因为当事情落到自己的头上时，有谁会选择放弃手中拥有的车钥匙呢？

鱼，我所欲也；熊掌，亦我所欲也。二者不可得兼，舍鱼而取熊掌者也。舍弃是灵魂在布满荆棘的心灵上作出的勇敢抉择，它是人生存的哲学，是一种成熟的处世观。

在人生的旅途中，选择是人生成功路上的航标，放弃是照亮人生希望的灯塔。学会选择，你的人生才会有清晰的目标；懂得放弃，人生才会找准方向。

选择，是量力而行的睿智和远见；放弃，是顾全大局的果断和胆识。放弃是智者面对生活的明智选择；放弃是另一种更广阔的拥有。敢于放弃者精明，乐于放弃者聪明，善于放弃者高明。一个人学会了放弃，就学会了审视自己，扬长避短，量力而行。

走在人生的这条路上，道旁诱人的风景会以无声的力量吸引着你，智者懂得做量力而行的选择，睿智地放弃，这样才能步伐轻盈，到达心中的目的地。然而，愚蠢的人凡是喜欢的便都放进背囊，于是越背越多，越走越累。

美国南北战争结束后，在一片废墟中，两个贫苦的人正寻找能够充饥的食物，有一天他们在街上发现两袋大米，两人喜出望外，如果将这两袋大米带回家，一个月以内不会再饿肚子了。当下两人各自背了一袋大米，便欲赶路回家。

走着走着，其中一人眼尖，看到山路上有着一大包面粉，走近细看，足足有四十多斤。他欣喜之余，和同伴商量，把这些面粉也背回家。

他的同伴却有不同的想法，认为自己背着大米已走了一大段路，到了这里再丢下，岂不枉费自己先前的辛苦，坚持不愿换面粉。先前发现面粉的那个人屡劝同伴不听，只得自己竭尽所能地背起了面粉，继续前行。

又走了一段路后，他们又发现了一些面包。之前发现面粉的那个人心想，自己发财了，自己找到了这么多东西。赶忙邀同伴放下肩头的大米，改背这些面包。但他的同伴仍是那套不愿丢下大米以免枉费辛苦。

这时，发现面粉的那个人，捡起了地上的面包，重负使他气喘吁吁，步履维艰。

突然，天降大雨。背大米的那人由于自己一身轻松，很快地背着大米回家了，过着充实的生活。而另外一个人，由于大米、面粉和面包被雨水淋湿了，不得已，只好丢下一路辛苦舍不得放弃的东西，空着手回家去了，生活一如既往。

生活在五彩缤纷、充满诱惑的世界里，年轻人既要学会选择，也要懂得放弃，过多地索取，最终只能加重自己的负担。

驾驭生命之舟，选择是给自己寻找前进的方向，选择是为自己的生命注入新的动力。只有学会选择，人生才会有主题；只有学会选择，人生才会演绎出华美的乐章。当然有所放弃才能有所选择，没有果敢地放弃就没有辉煌的选择。

选择是一种智慧，它可以让人看到天空的蔚蓝，感受到阳光的温暖；放弃，是一种胸怀，同样可以让人闻到芳草的清香，听到动人

的音乐。

有一只倒霉的狐狸被猎人用套套住了一只爪子。

聪敏的狐狸为了逃生，竟然毫不犹豫地咬断了那只被套的小腿，然后逃走了。

放弃一只腿而保全一条生命，这是聪明的狐狸的生存哲学。所以，有时候，懂得放弃自己所拥有的，反而会让你得到更多。

放弃是一种清醒，放弃需要有勇气。它不仅是具有胆识和谋略的生动实践，更是摆正了眼前利益和长远利益的明智之举。学会"放弃"才能求发展。春秋时期，越王勾践暂时放弃了王位和自己的国家，忍辱负重，卧薪尝胆，最终洗雪国耻；考场失意的蒲松龄放弃考试之路，另一扇窗却为他打开。大地放弃绚丽斑斓的黄昏，才会迎来旭日东升的曙光；春天放弃芳香四溢的花朵，才能走进累累硕果的金秋。放弃同样是一种美。

所以，年轻人审慎地运用你的智慧，懂得放弃，选择属于你的正确方向，有时候，如果你们可以放弃一些固执、限制甚至是利益，这样反而可以得到更多。

佛语说得好："菩提本无树，明镜亦非台，本来无一物，何处惹尘埃？"只有懂得放下，才能轻盈上阵，解锁前行。

1. 时常审视自己

每个人都有过各种各样的梦想，但由于受到自己的能力以及各方面条件的限制，不可能每个梦想都能够实现。过分地执着，执着于一个不可能实现的梦想，对于人生却是一种沉重的负担，一种负面的影响，甚至是一种伤害。所以要根据自己的能力和当时所处的环境审视自己，做好选择，懂得放弃。

2. 睿智的胆识

很多时候，选择是需要勇气的，放弃又何尝不需要胆识和魄力呢？我们每个人都经历了太多的选择，也经历了太多的放弃。选择是一种理性，放弃也是一种睿智，只有我们放弃那些可有可无，原本不属于我们自己的东西，我们才能轻松前行，才不会多走弯路或误入歧途。

10. 让自己去适应环境

职场是一个全新的环境，对于刚刚脱离学校的新人们来说，面对全新的环境往往手足无措，总是在抱怨自己的生存环境，却没有想过主动去适应它。

空旷的原野上绽放了一朵绚丽的杜鹃花，有一天它突然醒来发现在它的身边没有一朵和它相似的花，只有望不到边的野草。

杜鹃花开始埋怨起来，为什么没有和群花一起绽放在花园里？为什么会生活在荒无人烟的草地上？它想这广阔的原野并不是它的家园，可怜的它出生在了一个错误的环境中。

任凭小草们如何安慰、劝解，这朵孤零零的杜鹃花总是不停地抱怨，幻想着有一天会有一位善良的王子将它带走。

很多个日子过去了，并没有什么人经过，更别提它的王子了。它的美丽完全无人欣赏，更加忧伤了，红艳的花朵开始枯萎。

不久，只剩一株残茎在风中飘摇……

而小草们汲取日月精华，茁壮成长，原野上一片生机。

一天，一群牧童无意中经过这里，发现了这片美丽旺盛的小草，牧童惊喜不已，立刻奔了过去，在它们身上嬉戏玩耍，临走时，几个牧童还挖了几株带回了家。

杜鹃花不懂得适应环境，开得再鲜艳，它那美丽撩人的模样也无法展现给它的王子，最终沦为失败者。小草虽身处逆境，但逆流而

上，从不抱怨，才会有角逐天下、站在世界巅峰的机会。

其实每个人都希望别人或是周围的环境来适应自己，但是谁都知道这是不可能的事。如果环境不利于我们，便强行让外界适应我们的话，可能会花费巨大的代价，而且还不一定能取得成功，与其希望别人或是周围的环境来适应自己，不如主动去适应别人和周围的环境。这样往往更可行，更容易实现。

有两个刚刚毕业的年轻人同时来到了一家广告公司工作。一个年轻人在还没有去公司前就把这个公司的一切查了一下，了解了这个公司的历史、发展状况及其发展潜力。进入公司以后他就主动积极地去适应新的工作环境，积极与同事交流，什么活动都去参加，了解。很快他就融入了这个公司，成为了这个公司真正的一员，和同事们相处地很好。

而另一个年轻人在进入公司之前，对公司什么都不了解，进入公司之后也不去主动了解，不去主动适应新的工作环境，而是让新的工作环境来适应他，跟同事们也不积极主动去交流，他就一个人，来了公司很久了却没有一个朋友。就这样过了一年，公司碰到了金融危机需要裁员，毫无疑问他就成了裁员中的一员，而另一个年轻人却留了下来，多年以后那个年轻人成了公司的经理，他却还在为工作而烦恼。

每处于一个新的环境，不是让新的环境适应我们，而是让我们去主动积极地适应新的环境，顺势而为，成为新环境的主人，否则就会沦为环境的"奴隶"。

顺心如意的生活、工作环境人人向往，但能如愿以偿的人确实很少，可见，我们大部分人都是在不太如意的环境中去求得生存立足之地。

如何主动适应新环境，求得生存立足之地？

1. 环境不会改变，解决之道在于改变自己

有个实验，把一只青蛙放进装有沸水的杯子时，青蛙马上跳出

来，但把一只青蛙放在另一个温水的杯子中，并慢慢加热至沸腾，青蛙刚开始时会很舒适地在杯中游来游去，到它发现太热时，已失去力量跳不出来了。

环境不会改变时，首先要改变自己，培养自己统筹协调和快速反应的能力。

2. 改变态度

适者生存，不适者淘汰，这是万物生存的法则。人是社会的人，每个人对社会环境都要适应。强者对待事物，不看消极的一面，只取积极的一面。

一个青年来到绿洲碰到一位老先生，年轻人便问："这里如何？"

老人家反问说："你生活的家乡如何？"

年轻人回答："糟透了！我不喜欢那里。"

老人家接着说："那你快走，这里同你的家乡一样糟。"

后来又来了另一个青年问同样的问题，老人家也同样反问，年轻人回答说："我的家乡很好，那里风景优美，民风淳朴，我很想念家乡的人、花、事物……"

老人家便说："这里也是同样的美好。"

旁听者觉得诧异，问老人家为何前后说法不一致呢？老者说："你要寻找什么？你就会找到什么！"

当你以积极、欣赏的态度去看一件事，你便会看到许多优点，以消极、批评的态度，你便会看到无数缺点。面对环境的改变，不要去抱怨、不要去抵触，而要积极地去适应它。

3. 改造环境，使环境合乎我们的要求

环境永远不会十全十美，消极的人受环境控制，积极的人却控制环境。因此，把自己置于社会环境之中，了解它、掌握它、改造它，采取积极的态度，在选择对策时要审时度势，有条件地选择改造环境的条件，使环境合乎我们的要求。

11. 要做金子，先做种子

俗话说，"真金不怕火炼"，是金子总会发光的。然而，机会只属于有准备的人。一个人只有实实在在的汗水和辛勤的劳动才能让自己得到想要的东西。在人生道路上，必须要经过从"沙子"到"珍珠"的辛苦打磨，经历从"种子"到"金子"的质的飞跃，最后才能光芒四射。

初入职场的年轻人，就像是一粒充满希望的种子，要经得起考验，同时要付出更多的努力，不断提高自己、锻炼自己、完善自己，才能最终变成耀眼闪光的金子。

一位自认为很有才的年轻人，毕业后屡次碰壁，一直找不到符合自己理想的工作。多次的失败让他伤心绝望，英雄无用武之地，千里马却碰不到伯乐。他开始厌倦这个社会，再也经不起失败的折磨，痛苦绝望之下来到大海边，打算就此结束自己的生命。

正当他投海自尽的时候，一位白发苍苍的大学教授走了过来，看到这位年轻人如此举动，问年轻人为什么要这样草率地结束自己的生命，年轻人十分沮丧地说："我有能力，但是没有人赏识我，社会不认可我，没有人看重我，我感到很失望，生活已经对我没有任何意义了。"年轻人越说越想哭。

听罢，老教授从脚下的沙滩上捡起一粒沙子，让年轻人看了看，然后随便地扔在了地上，说："请你把我刚才扔在地上的那粒沙子捡起来。"

"这怎么可能办得到！"年轻人说。

老教授没有说话，从自己的口袋里掏出一颗晶莹剔透的珍珠，也是随便地扔在了地上，然后对年轻人说："你能不能把这颗珍珠捡起来呢？"

"当然可以，这很容易呀！"

"那你明白了吗？你应该知道，现在你还不是一颗珍珠，所以你不能苛求别人马上承认你。如果要别人承认，那你就要想办法使自己成为一颗珍珠才行。"

年轻人点了点头，明白了教授的话，苦恼的脸上终于露出了笑容。

人只有经历了才会成熟，也能被别人认可。金子散发着耀眼的光芒，吸引着世上所有人去追逐。人人都喜欢做金子，渴望被承认，但要想被人发掘、认可，需要我们努力去创造，同时需要经得起种子沉积时的寂寞。

世上任何事情都不可能一蹴而就，怨天尤人无法改变现状，只有拼搏才能带来希望。真的金子，只要自己不把自己埋没，只要一心想着闪光，就总会有闪光的那一天。

那么，如何从"种子"实现"金子"质的飞跃呢？

1. 会忍受孤独，耐得住寂寞

一个人的成长，必定会经历这样一个默默成长的阶段。到了一个陌生的环境，面对形形色色的人和事，一下子不知所措起来，有时连一个可以倾心说话的地方也没有。这时，千万别浮躁，学会静心，学会忍受孤独。在孤独中思考，在思考中成熟，在成熟中升华。

不经历风雨，怎么见彩虹。年轻人如果你正赶往成功的路上，那么首先就要在成功之前，多一分耐心、一分坚持和守候。

2. 经营自己播下的种子

种子生长直到破土而出，需要我们细心呵护，扛得起打击和挫折，受得住忽视和平淡，这样才能达到辉煌。成功的幼芽需要不懈地经营才能生根发芽，直至开花结果。

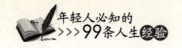
此外，"沙子"到"珍珠"的辛苦打磨，经历从"种子"到"金子"的质的飞跃，需要不断地汲取经验和教训。

3. 坚持、坚持、再坚持

古语云："锲而不舍，金石可镂。"人生的道路是漫长的，前方荆棘密布，唯有坚持才能披荆斩棘，一马平川。坚持就是胜利。没有坚持，我们就永远看不到人生下一站的美景；没有坚持，我们就永远不可能披上成功的纱衣。

第三章

年轻人，初入社会
一定要更新你的观念

　　对于初入社会的年轻人来说，一定要懂得一些道理。要知道，成功的人生必须要有一个正确的思路、全新的观念。《荷马史诗》中有句至理名言："没有比漫无目的徘徊更令人无法忍受的了。"一个人如果没有正确的思路，全新的观念，就会过得很是茫然，渐渐就丧失了斗志，贻误了自己的青春年华。人生如逆水行舟，不进则退。在漫漫人生征途中，每个人都会经历迷茫与困惑，但是不能将此当作自我放弃的借口。要迈出成功人生的第一步，那就要尽快更新你的思路，树立你的观念，这样可以让你尽早地找到人生的航向，尽早走出困惑，尽早取得惊人的成就，创造新的精彩。

1. 冷静思考，比埋头苦干更重要

冷静思考，有时比埋头苦干更重要。成功者和平庸者的最大区别在于能否在忙碌之中能够静下心来进行冷静的思考。前者能通过思考，将自己的时间、经验转化为个人的精神财富，好好地规划自己下一步的行事目标，使自己从无效走向有效，从有效走向高效、卓越；而后者只顾埋头苦干，整日忙忙碌碌，但没有任何成效。

你在人生的岔路口，可以通过冷静地思考给自己规划一条崭新的道路，做出明智的选择，最终让自己脱颖而出。

现实中，很多年轻人，宁可让岁月淹没在无任何价值的忙碌中，也不愿意拿出时间来进行思考，以至于使自己的行动总是在低层次上徘徊，结果是一无所获。在平时，我们也只有养成勤于思考的习惯，以此来开拓我们的思路，并适时对自己的下一步行动有个良好的规划，才能让自己一步步地走出窘境，迈向辉煌。

所有的领域都是如此，无论你的志向是要在商界中大展拳脚，还是在某个专业领域施展才华，只有在前进的过程中，在人生最为关键的时刻，静下心来进行冷静地思考一番，才能让自己有个光明的未来。

被公认为是 20 世纪最伟大的实验物理学家欧内斯特·卢瑟福就认为，冷静思考，比埋头苦干更为重要。

有一天晚上，卢瑟福发现一位学生还在埋头做实验，便好奇地问："你在干什么呢？"

学生回答说："在做实验。"

卢瑟福惊讶地问："那你下午做什么了？"

学生又一次毕恭毕敬地回答："做实验。"

卢瑟福开始皱起了眉头，继续追问："那早上呢？"

"也在做实验。"

勤奋的学生本来以为自己会得到导师的赞扬，然而他没想到，卢瑟福却大发雷霆，厉声斥责道："你一天到晚地在做实验，那你用什么时间来进行思考呢？"

努力是好，但是我们的目标可绝不仅仅只是为了"努力"。是否进行思考，是否对未来进行规划，这正是世界上许多伟大的成功人士能够脱颖而出的关键因素。毕竟，与他一样努力的人不在少数；甚至，比他努力的人还有更多！

"学而不思则罔"。日复一日的机械化生活与劳动，会让我们趋于麻木，原本光明的未来，会逐渐因此而黯淡。所以，正在埋头苦干的你，无论每天有多忙，还是留点时间让自己仔细地思考吧！

2. 用感恩的心对待工作

我们时常会对平淡无味的工作心生埋怨，会为工作中的琐碎繁重而心烦，会因为工作中的小小失败而气馁。可是，如果你能以感恩的心去对待你的工作，便能够从平凡中寻到精彩，从失败中汲取教训，你就会发现，工作历练了我们的能力，精彩了我们的生命，启迪了我们的智慧，它是上天赐予我们的最珍贵的礼物。

杰瑞是美国一家麦当劳的一名普通的职员，他每天的工作就是不停地做很多相同的汉堡，没有任何的新意。但是，他依然每天都很

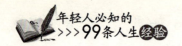

快乐，从来都是用满怀善意的微笑来面对他的顾客，几年来一直都是如此。

杰瑞的这种真挚的快乐，感染了他身边每天都垂头丧气、牢骚满腹的同事。有的同事问他，为什么对这样一件毫无乐趣的工作充满了激情？杰瑞说道，我每做出一个汉堡，就能感受到顾客因为它的美味而感到快乐，那我也感受到了我的作品所带给我的成功，那是多么美妙的事情啊。我每天都会感谢上天赐予我的如此好的工作。

因为杰瑞快乐的心情，这家店的生意异常地好，名气也越来越大，最终传到了麦当劳总管的耳朵中，杰瑞就得到了一个高级管理的职位。

在工作中，如果你总是将冤屈、不满和愤怒装于内心，就会成为全世界最为悲惨的人。而如果能够对你的工作心存感恩，懂得珍惜，那么，你的每一天都将是快乐和充满激情的。就像故事中的杰瑞一样，总是以享受、积极、乐观的心态去对待他的工作，最终成为主动进取、敬业乐群的人。

劳拉是一家汽车修理厂的修理工，从进厂子的第一天起，他就不停地抱怨：修理这活真是太脏了，每天都弄得身上脏兮兮的，而且还领不到高额的薪水，真是太扫兴了。每天，他都在这种不满的情绪中度过，认为自己干的只是奴隶的工作。他每时每刻都在窥视着师傅的眼神与行动，稍有空隙，就会伺机偷懒，对手中的工作只是疲于应付，并且总是期待下班时间能够快点到来。

转眼几年过去了，和他一起进厂的几个工友，各自凭自己精湛的手艺，开起了自家的维修厂，还有的被公司送进大学进修，独有劳拉自己，仍旧做着令他讨厌的修理工作，仍旧沉浸在无法升迁的痛苦之中，碌碌无为地应付每一天。原来，不快乐地疲于应付工作，最大的受害者是他自己。

正如余秋雨所言："工作的追求，情感的冲撞，进取的热情，可以隐匿却不可贫乏，可以泻然而不可以清淡。"当一个人以感恩的心态面对工作，就能将自己全身心地融入工作之中，将积极和热情变为自身的一种习惯，便能够获得可喜的业绩，个人的职业生涯也因此会圆满，事业就能有所成就。

如此这样，你就可以感受到双重的乐趣：工作不仅仅只是一种职业，更成了一种享受。快乐也是一种态度，这种态度可以化枯燥为享受，化琐碎为乐趣，那么，你将会获得无比的快乐，就能为自己的人生画上炫丽的一笔。

"用感恩的心对待工作"，这不仅仅是一句漂亮话，而是真情的迸发。岗位为你展示了较为广阔的发展空间，工作为你提供了施展才华的平台，为我们的聪明才智找到了萌芽的土壤，我们应该学会感恩，感恩老板给我们提供的工作机会，感谢老板给我们施展才华的舞台，这样，我们就会热情奔放，激情洋溢，满腔热忱地对待你手头的每一项工作，将会使你的人生焕发出最为精彩的光芒。

3. 不要让别人的目光将自己的梦想扼杀

《秘密》的作者向我们揭示了生命中的磁石，同时指出："对于你来说，没有什么限制，除非是你自己强加给自己。你就像鸟儿一样，你的思想可以从任何障碍物上飞过，除非你将限制加之于它们而束缚它们，或囚禁它们，或剪断它们的翅膀。没有什么可以打败你，除了你自己。"就是告诉我们，命运主宰在自己手中，切勿受他人影响。

在奋斗的过程中，每个人都会面临一些选择，在这样的选择中，

你会坚持走自己的路，还是在别人的目光下将自己的选择扼杀？意大利诗人但丁在《神曲》中的一句名言"走自己的路，让别人说去吧"，就是鼓励人们，要坚持自己，才能取得最终的成功。

鲁迅先生说过："我自己，是什么也不怕的，生命是我自己的东西。所以不妨大步走去，向着我自以为可以走去的路，即使前面是深渊、荆棘、峡谷、火坑，都由我自己负责。"这是一种清醒的执着，是在看清前途后的决断。一个人只有能够不断地坚持自我，才能达到成功的至高境界。

一位成功人士说起他成功的秘诀时说："我的成功，在于经常对自己说'别堕落，你没资格！'"他回忆道：在小学的时候，有一次我考出了好成绩，老师就送给我了一张世界地图，我当时高兴极了，跑回家就开始看这张世界地图，十分不幸，那天刚好轮到我为家人烧洗澡水。我就一边烧水，一边在火炉边看地图。当我看到埃及的时候，心中兴奋十足，因为在学校的时候，就常听老师说埃及是个神秘的地方，有金字塔，有法老，有艳后。我当时就想，长大后一定要到埃及去。

然而，当我正想得出神入化的时候，爸爸从浴室中冲了出来，身上裹了一条浴巾，大声对我说："火都熄灭了，你在干什么？"我说："我在看世界地图，听老师说埃及有……"可是，我的话还未说完，爸爸就生气地给我了两个耳光，然后说道："赶快生火，那地方有再多的东西，我也保证，你这辈子永远也到不了那个地方！"说完之后，就一脚把我踢到火炉旁边去。

面对这样的情况，我顿时惊呆了，扪心问自己："我爸爸怎么能给我这样奇怪的保证，这辈子真的永远到不了埃及吗？"然而，我又想，这辈子我一定要到埃及去，证明爸爸的说法是错误的。

在之后的 20 年中，我一直在心中告诫自己："这个世界上谁都可以堕落、颓废，唯独自己不能，否则，你一生就真的永远无法到达埃及！"于是，我就不断地努力。有朋友曾问我："你到埃及去干什么？"那个时候，还没开放观光，出国也是极为困难的。我曾经对朋友说道："因为我的生命不能被保证！"

"经过20年的努力，我终于有一天到了埃及，坐在金字塔前面的台阶上，买了一张明信片寄给爸爸。我这样写道：'亲爱的爸爸，我现在在埃及的金字塔前面给你写信。记得你小时候曾经给我两个耳光，并保证我以后永远到不了这么远的地方。现在，我就坐在这里给你写信。我也异常感激你，正是你的那个保证，让我这几十年来无论在什么样的境遇下，都没有堕落和颓废！"

想成就自己，一定要勇于坚持自己的梦想。任何人的命运不能被别人保证，为此，在任何时候，都不要让他人的观点影响到自己的决定和梦想。

谨慎而理智地选一条适合自己的路去走，管他人怎么说。既然是自己所选，就不要去管别人说三道四。同时，无论这条路多么曲折崎岖，无论路上有多少障碍，我们仍然要一直走下去，扎扎实实地踏在属于自己的路上，最终，一定能够取得巨大的成功。

4. 前面有"槽"，你敢跳吗

奋斗的过程像一条曲线，曲线是向上的，偶尔也会遇到低谷，但是曲线的大趋势却是一直向上的，但前提是：一定要坚持，"熬"得过痛苦，"经"得住煎熬。否则，它可能就会像脉冲波一样，每次都会回到起点上。在人生的起步阶段，到新的岗位，面对新的环境，总

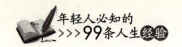

有不适的时候，这个时候，要学会坚持，不要稍不顺心就跳槽，重新让自己再回到起点，从头开始，这是成功的大忌。

要明白，成功是需要真本事，大才能的，而真本事，大才能都是靠真刀实枪"干"出来的，才能也是靠久经考验"练"出来的。而在人生的起步阶段，你如果频繁地跳槽，几年后，只能得到这样的结果：在30多岁的时候，去找工作，简历上写着四五份工作经历，每次多则2年，少则几个月，因为不断跳槽，不断换行业，没有一项擅长或熟练的技能或者本事，到中年，还要回到起点从一个初级职位开始干起，拿最为基本的薪水，与一群刚刚起步的20多岁的年轻人在同一起跑线上抢饭碗，那样的日子会好过吗？

在人生的起步阶段只有积累足够的资本，才能够成大事，当然了，这种资本的积累不仅仅包括工作技能和经验，还包括人脉，为人处世的能力、口碑，与人相处的能力，等等，如果你频繁跳槽，代表你每一个阶段的积累都付诸东流了，一切都得从头开始。如果在工作的前3年中，你换了三个行业，3年后，你等于只有一年的积累，而一个没有换行业，没有换工作的人，至少有了3年的积累，在同样的岗位上，谁会更占优势，谁更能抢先摘取到成功的果实呢？

很多时候，一个人在一个岗位上工作2年左右，就会觉得工作没意义，不顺利，心情烦躁，很想辞职，换工作，到另一个行业中去寻找新鲜感、快乐感，觉得这样就可以将所有的烦恼都抛开，殊不知，你抛弃的只是暂时的烦恼。当你到了一个新的单位、新的岗位上，一切都要从头开始，不久，你就会遇到同样或类似的困难，烦恼便会如期而至。

为此，在职业发展的初级阶段，我们都应该给自己科学的定位，从自身的职业属性、职业技能与职业经验值等多方位去确定个人的核心竞争力。只有拥有了明确的职业定位才能够在职业发展的各个阶段保持冷静的正确的选择，从而才能使自己在面对困难和转机的时候运筹帷幄。

刘波是数控自动化专业出身，毕业后被上海的一家汽车厂录用。两年后刘波感觉前途不是十分明朗，再加上自己对专业技术没有深钻的兴趣，有种即将被淘汰的压抑感，刘波选择了辞职。

后来，刘波又到北京一家机械制造公司做机床数控的老本行工作，他一边工作，一边学习金融贸易专业，希望有一天能在商界大展拳脚，这工作持续做了不到半年，他又因为没有兴趣而再次辞职，金融和贸易学习又因为太过困难而随之放弃。为此，刘波就利用业余时间学习了电脑平面处理，想着自己是不是可以从事平面设计工作呢？

就这样，刘波的"跳蚤"式的跳槽经历，让他跳来跳去一直跳不出围城，天南地北地闯还是没搞清自己职业发展的头绪。5年后，还是做着最低级的普通工作，薪水仅只能解决基本的生存问题。

在人生起步阶段，不断地"跳槽"，只会让你什么都不会，彻底失去市场竞争力，会距成功越来越远。

要知道，成功都是"熬"出来的，它就像一场马拉松长跑，在起步阶段，同行业的人都在同一起跑线上。开始起跑后，每个人都感觉很是轻松，但是，很快就会有第一次的痛苦：呼吸不畅，腿上像绑了铅块一样，很想立即停下来，但是，只要你熬过去，就会感到轻松无比；接下来，还会遇到第二次，第三次的难受，而且一次会比一次厉害，但是，只要你能坚持住，"熬"过去，到最后，你就成功了。多数情况下，一些人在第一个阶段都坚持不下去，一些人能坚持到第二次，第三次虽然很多人都坚持不下去了，但是能跑到这里的已经没几个了，而在这几次痛苦中积累下来的资本，足够你安安稳稳地活一辈子，如果能再努力一把，定会造就不凡的人生。

　　还有一些人，在一个岗位上工作几年后，对工作得心应手，觉得自己搞定了一切，所以，就懒得去进步了。其实，这个时候，你的积累才刚刚开始，你与客户的关系牢靠吗？领导器重你了吗？与那些后来者相比，你有哪些不足呢？这个时候，不是懈怠的时候，后面还有无数的竞争者在奋起直追，你仍旧要拿出刚入职场的干劲来，稳扎稳打，直到成为某一领域的精英人物，或者某方向的"专家"级人物。

　　李翔毕业后，到某 IT 企业做销售工作，两年后，因为工作业绩突出，以及人际关系的良好维护，对工作可谓得心应手。

　　有一次，一位客户企业希望挖他过去做销售部的副主管，这家客户的企业要比他现在所在的企业规模大得多，而且给出的薪酬也比他现在的收入要高出很多。多数人都觉得这是个千载难逢的好机会，应该"跳"过去，一定有好的发展前途的。

　　但是张翔的选择却出乎人的意料，对客户热心的邀请，他婉言谢绝。问及原因，他十分认真地说道："我觉得这个时机还不成熟，因为我对销售之外的企业管理知识还不甚了解，而对于销售，我的认识还未达到真正高的水平，这样跳槽，对三方都是一个巨大的损失。"

　　就这样，李翔又在自己的公司踏踏实实地工作了 3 年，其人脉关系、销售技能、为人处世等的积累达到了一个层次之后，他一步步地从销售部的副主管，升任为分公司的副经理。

　　只要你脚踏实地，兢兢业业，在哪里都能获得升迁和提拔的机会。在熟悉的环境中"拼杀"，取得成功的可能性会大很多，何必要通过跳槽到一个新环境中重新开始呢？

　　在一个岗位上工作一段时间后，你有跳槽的冲动吗？如果有，那么，请你静下心来扪心自问：你足够熟悉你目前的工作流程吗？你对你的工作得心应手吗？你能做好每一个工作细节吗？你和你客户的关系足够牢靠吗？你了解你的老板吗？你足够了解你的下属吗？与同事能处好关系吗？如果你不了解，就不能想当然地认为自己第一个阶段的积累已经足够了，这些问题不及早解决，无论到哪里，你的职业生涯都会面临瓶颈，都会距成功更远一些。

在人生的起步阶段，不要认为自己的天空飘着几片雪花，就感到满足了。成功是一个坚持与不断积累的过程，与其专注于搜集雪花，不如省下力气去滚雪球。正如巴菲特所说："人生就像是滚雪球，最重要的就是当你发现很湿的雪和很长的坡。"为此，在最初几年，一定要让自己沉淀下来，学着去发现"很湿的雪"与"足够长的坡"！

要时刻清醒地记住一个道理：任何一个单位，一个老板都不会养闲人，如果你真的有本事，积累已经足够，那就将其转化为工作业绩。那么，每天忧心的不是你，而应该是老板了，他会天天怕你跳槽，怎么会不给你升职、不给你高薪呢？

所以，要想在人生起步阶段取得成功，就必须要有一股"狠"劲，对自己"狠"一点，对工作"狠"一点，吃苦在前，享受在后，这是成事者所必备的心态，选择一个好的平台，跟一个好老板，好好干，干出成绩来，让钱来找你，而非你去找钱。

最后，请记住当下流行的一句话：天空飘散的雪花，会极快地融化掉，化为乌有，只有雪球才能更为实在、持续得更为长久。

5. 切勿得过且过，下一刻的自己才是最好的

得过且过，满足于现状的人，永远只会活在自我的窄小的圈子中，看不到希望的曙光，很难有出头之日。大凡成功者，都有远大的

目标，而且还是敢于不断挑战自我的人，他们从来没有得过且过的心态，不会因为一时的成功而扬扬自得，不思进取，始终认为"下一刻的自己才是最好的"，从而激发他不断追求更高目标的欲望，直达最终的成功。

为此，在奋斗的道路上，要想取得更大的成功，就要把目光放得更为长远一些，用积极的心态来挑战人生。有些人想做大事，却胸无大志，对自己的要求永远是"还好"就可以了。这样的人肯定会因为很多局限而无法超越自我，难有大的突破和进展。实际上，凡是对自我没有严格要求的人，都会给自己找退缩之路。

一个纽约的百万富翁说，当年，他在一家纺织品公司的薪水最初只有每周七美元零五十美分，后来一下子就涨到了每年一万美元，而这之间竟然没有任何的过渡，没过多久，他还成为这家纺织品公司的合伙人。

刚去公司的时候，他和公司签订5年的工作合约，约定这5年内薪水保持不变。但他暗下决心：决不满足于这每周七美元零五十美分的低微薪水，决不能就此不思进取。他一定要让老板们知道，他绝不比公司中的任何一个人逊色，他是最优秀的人。

他工作的质量，很快引起了周围人的注意。3年之后，他已经如鱼得水游刃有余，以至于另一家公司愿意以3000美元的年薪，聘用他为海外采购员。但他并没有向老板们提及此事，在5年的期限结束之前，他甚至从未向他们暗示过要终止工作协定，尽管那只是一个口头的约定。也许有很多人会说，不接受如此优厚的条件，他实在是太愚蠢了。但是，在五年的合同到期之后，他所在的公司给予了他每年10000美元的高薪，后来他还成为了该公司的合伙人。老板们都很清楚，这5年来他所付出的劳动，要数倍于他所领的薪水。

理所当然，他成为一个胜利者。

假如，这位如今的富翁当年对自己说："每周七美元零五十美分，他们只给我这么多，而我也就只拿这么多好了，既然我只领着每周七美元零五十美分，那么我何必去考虑每周五十美元的业绩呢！"如果那样，你说结局会怎样？正是看到下一刻会得到更大的财富，他才会调动出前所未有的积极性，从而越飞越高。

很多年轻人之所以进入社会很多年依旧碌碌无为，就在于他们没有一种积极的心态。"得过且过，过一把瘾吧！""只要不饿肚子就行了！""只要不被撤职就够了！"这样的年轻人在现实中不在少数，他们对前途和生活的要求低到不能再低的地步，怎么能够获得更高境界的成就？做事若想达到最优境界，就得有远大的眼光和热诚的心意。

当然，想要证明"下一刻的自己才是最好的"，就别活在过去的失败中。过去的已经过去，不要为打翻的牛奶而哭泣！生活不可能重复过去的岁月，光阴似箭，来不及后悔。从过去的错误中汲取教训，在以后的生活中不要重蹈覆辙，要知道"往者不可谏，来者犹可追，"别在意曾经的失败，我们就可以给自己一个快乐的心情。人活在这个世界上，无非是为了使自己更加幸福而已。忘记曾经的失败，认真地过好每一天，从每一件小事情去寻求小快乐，生活一定会更加充实。而那些过去失去的快乐，迟早还是会回到你的身边。

人生在世就短暂的几十载，试想：到了生命尽头的那一日，我们会不会因为总是得过且过而感到后悔？如果不想后悔，就从现在开始努力，从每一件事、每一个细节开始，做到尽善尽美，小事做得完美，大事才能做到最好。只有这样精益求精，你才会被人认可，才会取得成功，实现自己的梦想。

6. 选择比努力更重要

努力，是事业腾飞过程中必备的金钥匙，但是比努力更为重要的，却是始于足下的方向选择。如果你刚开始的选择便注定不得志，那么就算你再努力，都可能只是一场徒劳，只是当其他人都在胜利的巅峰潇洒生活的时候，自己却只能痛苦悔恨。

通往成功的道路或许有无数条，对我们来说，生命是条单行线，没有岁月可以回头，我们也不可能推翻结局重新来过，所以，在奋斗的过程中，我们要经常停下脚步，好好地思索一下，我们的选择是否正确，这样才能避免最终发出"我猜到了开头，却猜不到结局"的感叹。

18世纪的时候，欧洲探险家发现了一块"新大陆"——澳大利亚。

英国派弗林达斯船长带船队，开足马力驶向澳大利亚，为的是抢先占领这块宝地。与此同时，法国的拿破仑也想成为澳大利亚的主人，他派了阿梅兰船长驾驶三桅船前往澳大利亚。于是，英国和法国展开了一场赛跑。

阿梅兰船长驾驶三桅船率先到达了，他们占领了澳大利亚的维多利亚，并将该地命名为"拿破仑领地"。随后几天，他们都没有看到英国的船队到达，因此他们以为大功告成，便放松了警惕。

法国的占领者在休息的时候，发现了当地特有的一种珍奇蝴蝶，这种蝴蝶非常好看，而且十分稀有。为了捕捉这种蝴蝶，他们全体出动，一直纵深追入澳大利亚腹地。

就在法国人追逐蝴蝶的时候，英国人也来到了这里。他们看见了法国人的船只和营地，以为法国人已占领了此地，船员都非常沮丧。但是仔细一看却没发现法国人，于是，船长命令手下人安营扎寨，并迅速给英国首相报去喜讯。

法国人兴高采烈地带着蝴蝶回来了。可是维多利亚已经成为了英国人的战利品，这块土地足足有英国领土那么大。看着曾经属于自己的东西牢牢地掌握在英国人的手中，法国人真是无尽的悔恨。

两国船队的方向开始都是澳大利亚。法国人虽然提前到达了目的地，但是他们没有继续沿着原有的方向前进，因为几只蝴蝶就偏离了方向，没有保住自己的劳动成果，结果导致功亏一篑，前功尽弃。

其实，我们每个人的生命都是有限的，我们应该把有限的时间用在去做有生产力的事情，把有限的生命去做最为有价值、最有意义的事业中去！为何有些人辛辛苦苦劳碌一辈子，到头来去脑袋空空、口袋空空？思路决定出路，观念决定了贫富，选择永远大于努力！你今天的生活是当初的人选择的。我们不要因为人人每天要吃饭就去卖大米，也不要因为每个人都要穿衣服而去卖服装。一个人的能力再大，水平再高，如果选择的平台不对，选择的人生方向不对，也无法发挥自己的潜能，达成自己的目标。

有这样一则故事：

有三个人同时被关进监狱3年，监狱长说，可以满足他们每个人的需求。美国人爱抽雪茄，所以就要了一箱雪茄；法国人天生浪漫，就要了一个美丽的女子相伴；而犹太人说，我只需要一部与外界沟通的电话。

3年过去了，第一个冲出来的是美国人，他嘴中塞着雪茄烟，并且大声地喊叫："给我火，给我火！"原来，他忘记了要火，接着出来

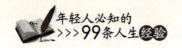

的是一个法国人，只见他手中抱着一个幼小的孩子，而且美丽的女人的肚子里还有一个孩子；最终，冲出来的是犹太人，他紧紧地握住监狱长的手说道："这3年来我与外界联系，我的生意进展得很是不错，比之前的利润增长了很多，为了表示感谢，我将会送你一辆豪车！"

这个故事看似荒诞，但它却告诉我们一个深刻的人生道理，即什么样的选择决定什么样的生活，你今天的生活状态是几年前的自己所选择的，而今天我们的选择将决定我们几年之后的生活。

成功的人生源于正确的选择。在市场经济下，人们会有很多的选择机会：得过且过与努力奋斗，懒惰混日子与踏实肯干，媚俗与持守……是前进与后退、坚持与放弃、得到与失去……所以，学会选择，往往需要一定的智慧。

罗曼·罗兰说："一只鸟能选择一棵树，而树不能选择过往的鸟"，这句话告诉我们，鸟要选择一棵树是必然的，选择哪一棵树则是偶然的，除非鸟不能飞或者只剩下了一棵树，人的生活就如一棵树，一般来说，不懂得选择、不善于选择的人，只有人去选择生活，或者说去适应某种生活方式。

在任何时候，选择对于人生来说都是极为重要的，然而，多数人在明白什么是正确的选择的时候，往往已经太迟了。当然了，要做出正确的选择，关键要明白自己想要什么？听从自己内心的声音，才能激发出生命的激情与潜力，获得最终的成功。为此，在奋斗过程中，我们要时刻停顿下来，要结合自身的素质和条件、兴趣和特长，去选择自己的人生目标，走出一条适合自己的人生之路。如果选择了一条正确的道路，那么人生就可以少许多无谓的烦恼、痛苦和遗憾。

那么，什么才是正确的选择呢？其实很简单，正确的选择就是选择了以后不再后悔。你为自己以前的选择而后悔过吗？这些都是不重要的，后悔不后悔，都已经成过永远的过往，重要的是我们一定要清楚自己当下的选择。

如果当下的你还有选择的权利和机会的话，就一定要珍惜这种权利，紧紧地抓住这个机会，停下脚步，进行深入地思考，做出正确的选择，从而创造更为美好的未来。

7. 拥有空杯心态，随时从零开始

"空杯心态"是心理学中的一种心态，是说一个人要想把事情做到最好，要先把自己想象成"一个空着的杯子"，随时从零开始，而不是骄傲自满。"空杯心态"并不是一味地否定过去，而是怀着否定或者说放空过去的一种态度，去融入新的环境，对待新的工作和接纳新的事物，这样才能让自己不断地进步，向新的高峰不断攀登。

德西是一个刚参加工作不久的年轻人，由于缺乏工作经验，而经常受到上司的批评。为此，他每天都垂头丧气的，内心极其郁闷。后来，他找到一位著名的企业家，希望向他请教有关成功的秘诀。

企业家先是让德西介绍一下自己，德西把自己当前的不如意以及困境都说了出来。听了德西的话，看着他郁闷的表情，企业家并没有说什么，而是微笑着随手拿起一下装满茶水的杯子，放在德西面前。然后自己又从旁边提来一壶茶，慢慢地往玻璃杯中倒。就这样一直倒着，直到溢出的茶水沿着杯壁流到了地上。但企业家好像还没有停止的意思，直到德西惊讶地喊出来："您别倒了，再倒就都浪费了！"

终于，企业家将茶壶不紧不慢地收回，说道："你的话正是我想

说的。这杯茶和我想教给你的东西是一样的——都是浪费。你已经像这个杯子一样装满了忧愁和烦恼，已经容不下其他东西了。你还是先把你内心的一些消极的思想舍弃后，再来找我装其他的东西吧！"

听罢，德西终于明白了企业家的真实意思，从此不再怨天尤人，调整了心态，顿时觉得自己做的工作原来是十分有意义的。不久后，他被升职为部门经理。

德西正是及时调整了自己的心态，才发现工作并不是自己想象的那样枯燥，最终取得了成功。有一位作家曾经说过：郁闷，是暂时的状态，却是永久的束缚。一个人只有及时走出郁闷和烦躁，随时以全新的面貌和心态去对待工作和生活中的事情，才能摆脱种种束缚，才能不断迈步向前。

拥有空杯心态，随时从零开始，其实就是一种虚怀若谷的精神。有了这种精神，一个人才能在人生的道路上越走越远。如果你一味沉浸于以往的成功、荣誉、辉煌、掌声或成绩中，就难免会迷失自我。同样的道理，如果你太过于在意昔日的失败、无能、平庸或污点的话，只会使自己裹足不前。

现实生活中，常怀归零心，才能够接受更新的思想。蛇类每年都要蜕皮才能成长；蟹只有脱去原有的外壳，才能换来更坚固的保障。如果不勇于舍弃过去的成就，以谦虚的心态面对你的工作，那么，你就永远无法成长和进步。

空杯心态也是在告诉我们，在任何时候都不要将自己当回事，永远从现在开始，进行全面的超越！当"归零"成为一种常态，一种延续，一种时刻要做的事情的时候，你也就离成功不远了。

大海之所以能够容得下那么多的水，是因为它总是把自己放得很低，无数的细流才会汇入。工作中，我们要时刻以空杯的心态去学习，不要被骄傲冲昏了头脑，虚心求学、谦虚地求教，总是抱着这样的心态，你将会收获意想不到的成功。

有一个年轻人非常喜欢丹青，于是跋山涉水，历尽千辛万苦寻找能够教自己的老师，但是结果却不尽如人意，他始终没有找到令自己满意的老师。

无奈之下，这位年轻人来到了一位智者的面前，将自己的苦闷说了出来。

智者听了年轻人的述说，笑了笑说："难道你在这么多年的时间里，真的没有碰到一个能够给予自己知识的老师吗？""是啊，我感觉那些人都是徒有虚名，我千里迢迢找到他们，也看了他们的画，但我感觉他们的画技还不如我呢。"年轻人有点失落又有点高傲地说。

智者点了点头，说道："我虽然不懂丹青，但是生平也喜欢收藏字画。既然你的画技这么高超，你可否为我留下一幅古朴茶具的墨宝？"这时候年轻人说："这还不简单吗？笔墨伺候吧。"

说着，年轻人卷起了袖管，寥寥数笔就画出了一个茶壶和一个茶杯，茶壶是倾斜的，里面正有水从茶壶嘴徐徐流出，流到杯子里面。待这幅画完成后，年轻人长舒一口气说道："您对这幅画满意吗？"

这时候，智者说："你画的确实很好，但是我感觉应该将茶杯放在茶壶的上面。"

年轻人顿时打断智者的话："那怎么行啊，哪里有将茶杯放在茶壶上面来倒水的？"

智者淡淡一笑："其实你也懂这个道理，要想将水倒进茶杯里面，就必须将茶杯放在茶壶的下方。你再想想自己？你想让自己的杯子里面注入丹青高手的香茗，但又将杯子放在茶壶的上方，香茗怎么可能注入你的杯子里呢？年轻人啊，要想吸纳别人身上的智慧，首先要将自己放低，否则你永远不可能达成自己的目的。"

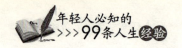

听了智者的话，年轻人沉思片刻，终于恍然大悟，谢过智者，便轻松愉快地离开了。

这个故事告诉我们这样一个道理：每个人都可能是一个茶杯，也可能是一个茶壶。做茶杯的时候，也只有肯将自己的位置放低，虚心好学，这样才能够装进别人的东西；做茶壶的时候，就要向下全力倾斜自己，毫不保留地倾其所有，这样才能将自己的东西倒给别人。一个人，永远要虚心好学，这样才能够扩大自己的容量，装进更多的东西。

你所有的成功或失败永远只能代表过去，一个人若是长久沉迷于以往的回忆中，那他就再也不会进步。对于有远大志向的追求者来说，成功永远在下一次。保持"归零"心态，才能不断发展创造新的辉煌。

8. 看淡结果，会更容易成功

生活中，一些人之所以失败，是因为把结果看得太重。因为害怕失去，又太过渴望成功，想要这个，想要那个，所以才会痛苦不止。因为肩上的东西太多，把得失看得太重，把结果抓得太紧，所以，会患得患失。到最终，什么也得不到，还会徒增诸多的烦恼和痛苦。

杂技团来了两个新弟子，教练刚开始就先教他们走钢丝。两个弟子都没走几步就掉下来了。反复练习还是如此，最后两人都十分沮丧地站在地上，不知所措。这时候，教练走了过来，拍拍他们的肩膀说："走，不停地走，直到你忘记了那条钢丝的存在。如果你忘了这件事，你就算真正学会，就可以正式登台演出了。"

80

人生处处充满意外，我们必须像练习走钢丝一样，带着微笑、抬头挺胸，努力去忘记脚下钢丝的存在，看淡结果，才能让自己走得更为稳妥。

其实，生活中类似的例子不胜枚举：台下准备得滚瓜烂熟的主持词，一上台却忘得一干二净；和客户签一份重要合同，到了会场才发现，一切准确齐全，只是忘带了合同文本；科学家即将完成一项研究了很多年的实验，却在最后一步的时候因为一个极小的错误，功亏一篑。

还有不到一个月就高考了，她凭着平时模拟考试没有下过 630 分的成绩，被理所当然地列为北大、清华的"种子选手"。

这不到 30 天的时间对于她来说，可谓是度日如年。曾经多少次，她在梦里仿佛身临其境般地到北大去报到。北京大学是她从小就心仪的梦想，就连当初考高中时，她也毫不犹豫地选择了北大附中而错失了 101 中学金帆乐团的邀请。十几年的梦想，终于近在咫尺。

然而，高考成绩的结果却是：539 分，她因为一批只报了北大一个志愿而被随机调配到一所三流学校。

刻意追求快乐的人，往往很难活得快乐。同样，刻意追求成功的人，也很难获得成功。很多时候，是因为有了渴望，才会有动力，最后才会取得一些成绩，但是如果不懂得坦然面对得失，在事情还没发生之前，自己却有可能会先倒下。在很多时候，看淡得失也是需要胆略和智慧的，只有认准心中的真正的目标，勇于将得失置之度外，才更容易获得成功。

所以，请善待自己成功的欲望吧。不要想太多，保持一颗平常心，不激进，不怠慢，简单一些，也许这样更容易获得成功和幸福。

9. 方向永远比速度重要

如果你前进的方向反了，跑得再快有什么用呢？人如果没有了方向，速度就失去了其原有的意义，所以，初入社会的年轻人一定要懂得，方向永远比速度重要得多。

现实中，我们经常见到这样的事情，还没有搞清楚前进的方向，就糊里糊涂地跟着他人往前跑，比如有些人见很多人都想进外企，于是也跟着进外企，进去后，才发现外企并不如自己想象的那般好，离自己的目标越来越远。这时候，冷静地一想，跑了半天还不如不跑。

在工作中，也会出现类似的事情。有的人因为没有搞清楚工作要达到的目标，所以每天都忙忙碌碌的，最终却一事无成，出力不讨好。所以，做事在没搞清楚目标之前，一定要先冷静下来，思考一番，否则，只会让自己做无用功。

珍维斯是一位杰出的社会活动家。20年前，她遇到一位一条腿严重扭曲的男孩子，极富同情心的珍维斯立即将这个男孩带到了医院做了外科检查，之后，医生告诉她，经过一系列的手术，完全可以使这个男孩像正常人一样。但是，高昂的手术费让珍维斯很是为难。经过多方的奔走和努力，医院终于答应减免一部分的医疗费用。一位银行家开出了一张限额支票，小男孩的家人以及珍维斯本人也筹集到了一部分资金。

一切都进行得很是顺利。"终于有一天，那个小男孩居然像正常人一样跑了起来。"珍维斯回忆道，"当时我的泪水抑制不住地掉了下来。"

"当下，小男孩已经变成了一位健壮的小伙儿。"珍维斯向大家讲道，"你们知道他今天在做什么吗?"珍维斯停顿了一下，说道："他因为抢劫正在监狱里度过他的 3 年刑期。"

说到此，所有的听众都感到惊讶至极，珍维斯已经是泪流满面。她哽咽着继续讲述道："这是我一生中最为愧疚的事情，我只顾忙于教他如何走路，但却忽略了一件更重要的事情，那就是教他该往哪里走!"

方向永远比速度重要! 方向不对"努力白费"! 我们的人生就像一次旅行，前进的速度随时可以加快，但在前进前一定要明确方向，我们切勿只顾匆匆赶路，不考虑努力的方向，结果却到了一个根本不值得去或者错误的地方。就像珍维斯一样，只教男孩如何走路，却忽略了教对方该往哪里走，最终造成了懊悔，实为得不偿失。

前进过程充满了种种的诱惑和陷阱，我们一定要坚定自己的信念，眼光始终向着同一个方向，不三心二意，这样才能更快速地达到成功!

无论是工作还是学习，我们在行动之前一定先明白和看清楚自己的目标，注意自己的行进方向，这样一方面可以节省时间，另一方面还可以避免碌碌而又无所作为。要不断地提醒自己，前方的目标在哪里，是否偏离了原本的行进轨道。

在任何时候，我们都不要惧怕目标的遥远，正确的方向会让我们少走弯路，快速出成果，早日走上成功的道路。而错误的方向会让我们距离目标越来越远，如果方向错了，加快速度只会让我们错上加错，最终只会到达一个不该到的地方。

这也告诉我们：在"低头拉车"时，一定要学会"抬头看路"，看清楚前方的目标后，再努力，一定能起到事半功倍的效果。

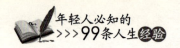
10. 学会放弃

　　初入社会的年轻人，要懂得这样的道理：执着的追求与不断的思考，是走向成功的双翼。不执着，会容易半途而废；而不思考、不分析，很容易一条道走到"黑"！也就是说，在成功的道路上，选定了目标，有了良好的发展规划之后，坚持不懈、执着追求是达到目标，取得成功的保证，然而，在奋进的过程中，要不断地思索，发现目标或者方向不对，就要立即学会转弯，不可一条道走到黑，否则，只会南辕北辙，蹉跎岁月，距离成功越来越远。

　　在大西洋中生活着一种马嘉鱼，外表长得十分漂亮，银肤燕尾大眼睛，平时都生活在深海之中。在春夏之交溯流产卵，它们会顺着海潮漂游到浅海滩边。这也是河岸上的渔民捕捉鱼的好时候。其实，捕捉这种鱼的方法极为简单：用一个孔目粗疏的竹帘，一端系上铁块，放入水中，由两个小艇托着。

　　这种鱼的"个性"极为要强，不爱转弯，即便是闯入罗网之中也不会停止向前游。所以，一只只便会"前赴后继"地陷入竹帘孔中，帘孔随之也会紧缩。竹帘缩得愈紧，它们就愈激怒，会更加拼命地往前冲。结果却被牢牢地卡死，最终成群结队地被渔民所捕获。

　　生活中，很多人在追求成功的时候，也是如此，总是喜欢给自己不断地加压，轻易不肯放下，不达目的誓不罢休，自诩为"执着"，这种精神固然可贵，但是，一个人如果总是无视周围情况的变化，一味地坚持对周围环境一成不变的判断，不懂得随机应变、不能够融会贯通的话，这份执着最终会让你被瞬息万变的社会所淘汰。

　　过于执着就是病态，就是愚蠢，过于执着的人顽固、偏激，冥顽不灵，不懂得变通，无论再努力也达不到既定的目标。其实，很多人之所以错过了无数的机会，都是因为坚持了不该坚持的。

　　对于个人来说，当外界条件具备的时候，本本分分地固守自己的老本行无可非议，但是当条件发生变化的时候，拥有善于变通的头脑，善于审时度势地变化也是极有必要的。

　　在深山中住着一家猎户。父亲是个老猎手，大山中闯荡了几十年，都靠捕获猎物养家。然而，突然有一天，父子三人到外打猎，因为下雨路太滑，父亲一不小心就跌落到山崖下面。

　　两个儿子将父亲抬回了破旧的家中，父亲已经奄奄一息了，在弥留之际，就指着墙上面的两根绳子，断断续续地对两个儿子说道："给你们两个人一人一根……"话还未说完，就咽了气。

　　儿子就掩埋了父亲，从此后，兄弟二人就继续靠打猎维持生活。然而，山林中的猎物越来越少，有时候，一天连个野兔都打不回来，两人的日子越来越难维持。弟弟就对哥哥说道："咱们干点别的吧！"哥哥却不同意："咱们家祖祖辈辈都是打猎的，我们还是本本分分地守着老本行吧！"

　　弟弟最终还是没听哥哥的话，拿上父亲给他的那根绳子走了。他先是到山中去砍柴，用绳子将柴捆起来背到山外的集市上卖几个钱，以维持生存。后来，他发现，山中一种漫山遍野的野花很受集市中的人喜欢，而且价钱也很高。从此之后，他就不再砍柴了，而是每天背一捆野花到山外的集市上面卖。

　　几年下来，因为挣了不少钱，弟弟就盖起了自己的新房子。

　　而哥哥则依旧在那间破旧的老屋之中，仍旧干着打猎的营生。因为经常打不到猎物，生活越来越拮据，每天都愁眉苦脸、唉声叹气。

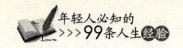

终于有一天，弟弟到屋子中去看哥哥时，发现他已经用父亲留给他的那根绳子吊死在房梁上面了。

给你一根绳子，你会如何呢？太过执着只会让人变得盲目，不管做人还是做企业，都要懂得变通，只有在适当的时候学会变通才能及时抓住机遇，选择正确的道路，就像故事中的哥哥一样，明明知道这扇门打不开，就不要为这扇门而苦苦追寻了，要勇于放下那份执着，而应该像弟弟那样找到另一扇出口。

对于个人而言，生活中，很多人经常会自勉："我一定要成为某方面的专家"，"一定要在某一个领域之中做出最大的成就"……但是很多时候，这些不切实际的理想与追求只会成为我们的一种负担，会羁绊我们实现那些切合实际的理想。

要知道，人生苦短，韶华易逝。执着于一个目标，一个信念那是大勇，但是如果目标不合适，或客观条件不允许，与其蹉跎岁月，徒劳无功，还不如干脆放下。但你放下那宏大的美丽的理想，选择那些伸手可及的目标时，或许人生的局面就会在瞬间柳暗花明，实实在在的成功就在你的旁边。

第四章

年轻人，初入职场
的十大智慧法则

经过轮番竞争，你终于进入向往已久的职场，但这并不意味着从此就一马平川。职场里有许多看似琐碎的细节，实则是考验一个新员工的试金石。

刚刚进入职场的年轻人，大多认为只要我对工作充满激情、努力就能加薪、升职。职业人要想在职场中游刃有余，仅靠自己的个人能力以及个人工作态度，是完全不够的。

作为职场新人，职场是你成就事业的基础。同时职场是残酷的，是最考验一个人的地方。每个人都希望事业获得成功，渴望干出一番"惊天动地"的大事业，但你是否比别人提前获得了在职场中取胜的砝码呢？

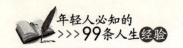

1. 快速融入新的职业环境

蜕掉稚嫩的羽毛由学校走向职场，每个人都会面临自己的"第一次"，陌生的面孔、全新的环境经常让人感到困惑，不知如何去融入新的环境。

作为职场新人，职场是你成就事业的基础，如何快速融入新的职业环境，往往成为年轻人踏入职场的第一课。快速融入新的职业环境，是你从职场新人到企业精英转变的重要阶段。能否快速融入新的职业环境，是决定你能否更快攀上职业高峰的重要因素。

如果你得到一份新工作或新职位，满怀期待走马上任，却发现"水土不服"，难以适应新的工作环境，也无法发挥实力，这个时候该怎么办？下面一些建议可以让你拥有一个良好的开始。

1. 调整心态，进行职业角色转换

当你刚刚开始职业生涯时，一般要经历一个适应时期。从不适应职业生涯，到基本适应职业生涯，就是社会角色的转换过程。

要学会在职业生涯中不断开拓进取，克服所遇到的矛盾和困难，首先要认知你的"角色"，而这种认知在职业生涯规划期和步入职业生涯开发期的交替中尤为重要。

2. 熟悉工作环境

刚进入职场，人们由于刚刚进入一个陌生的环境，常常有手忙脚乱、不知所措的感觉。要解决这个问题，就必须解决以下几个问题，然后进行统筹安排。

理解公司的企业文化

进入新的环境，首先要用谦卑的心态，快速地了解公司的文化。一个公司的企业文化一般指在企业中长期形成的共同理想、基本价值观、作风、生活习惯和行为规范的总称，包含价值观、最高目标、行为准则、管理制度、道德风尚等内容。它以全体员工为工作对象，通过宣传、教育、培训和文化娱乐、交心联谊等方式，以最大限度地统一员工意志，规范员工行为，凝聚员工力量，为企业总目标服务。了解公司的文化可以通过与公司员工及相关的人员（客户，同行等）交流了解；查看公司的文件资料，企业的过去现在和将来发展的方向；市场调查或客户及使用等反馈了解。

领会公司的规章制度

进入公司后，你了解了公司的规章制度，还需要领会：哪些规章制度必须严格遵守，哪些不是？公司里不成文的规章制度又是什么？如果你不在意的话，这些会使你在日后的工作中"碰钉子"，并且你永远意识不到你是在犯错误。

了解了公司的文化、领略了公司的规章制度以后，接下来你就应该了解自己的工作性质了。这样，有利于更快地融入新的职业环境。

尽快熟悉本职工作

一个优秀的员工，需要尽快熟悉自己工作的职责与处理流程，使自己更好地进入状态。

提高工作技能

尽快学习业务知识，提高自己的工作技能。有丰富的知识积累才能出色地完成公司交办的工作，只有学校的知识是远远不够的，最重要的是工作经验，实践经验。

某大型外企招聘了几位硕士生和博士生，满以为在工作能力等

方面会大大超过以前招聘的大学本科生，给公司注入新的活力，使之出现一个空前的飞跃。但是经过一段时间的实践检验，并不都尽如人意。这些研究生总想着一举成就大业，一鸣惊人，认为自己是高才生，比别人什么都懂，而不加强平日的业务学习和技能培养。

融入新环境，进入一个新的角色，你还需要一个挑战：融入同事关系，做到这些相信你很快就会被新的集体所接纳，成为其中不可或缺的一分子。

3. 融入同事关系

经过激烈的拼杀，当你满怀喜悦迈入职场的时候，可千万别忘了自己还是"职场菜鸟"，要想成功融入社会，融入职场，就必须处理好与同事之间的关系。那么如何尽快地融入同事当中呢？

团结协作，彼此尊重

刚到一个新单位，"人和"最重要，与新同事的共处应该注意彼此尊重、配合，成为相互合作的伙伴，只有做到了这一点，你才能得到更好地施展你的才华的机会，在竞争中求得发展。

多为同事们服务

走上工作岗位，最好是抱着"服务"的心态进入新环境，谦虚主动地帮助同事和其他人，尽早取得他们的信任和支持。这样在自己需要帮助时，也能得到别人的帮助。

充分尊重对方的内心秘密或隐私

每个同事都有自己不希望为别人所知道的隐私，即使是最要好的朋友，也有不该知道的私事。

积极参加集体活动

工作之余，积极参加集体活动，不仅能让你获得更多的快乐和放松，舒缓内心的压力，更有助于培养一个和谐的人际关系。

说话要有分寸

因为大家都不是很熟悉，所以说话的时候必须注意分寸，不能信口开河，在每说一句话之前，都要先考虑一下是否合适。不同的场合，对不同的人，有很多话是不能随意说的，否则可能会带给你想不到的麻烦。

4. 在待人接物的过程中让别人信任你

一件事情成功的关键，主要取决于办事者待人处世的态度。一个合格的员工对人的态度必须诚恳、和蔼可亲，这样，才能运用循循善诱的高超说服能力，赢得别人的赞同，才能较容易地促使事情的成功。

作为职场新人一方面要切忌"傲气"，另一方面也要避免过于"谦卑"，应注意不要过于随便。

5. 要有责任心

大多年轻人具有执行力强、工作有冲劲，但个性张扬、缺乏责任感的特征。因此，年轻人应适当收敛自己的个性，多一份责任心，将会更快得到企业和同事、领导的认可。

美国福特汽车公司创始人福特先生年轻时曾有过这样一段经历：他在一所普通大学毕业后到处奔波求职，有家公司招聘员工，他前去应聘。在过面试这一关时，他走进考场无意中发现地上有一张废纸，就很自然地弯腰捡起来扔进纸篓里，然后才就座应试。而正是这样一举手之劳的小事，却展示了他的良好素质，赢得了领导的好感，使之舍弃前面几位应聘的名牌大学毕业生而破格录用了他。

福特的成功很好地印证了一个具有责任心的人，是很容易被领导认可和接纳的。遇到大事谁都会认真处理，谨慎对待，有的时候责任心却是体现在工作琐碎的小事上。很多新人往往却忽略这一点，

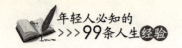

对此不屑一顾，对于职场新人做每件工作，每一件事情，都是向上司或同事展示自己学识和价值，只有做好每件事，才能真正赢得信任。

总之，对于职场新人来说，在工作中出现各种不适应是必然的，如果能够正视这种现实，同时以积极的态度和行动对待之，那么，大多数人一定可以摆脱困境，并从职业工作中得到无限的乐趣和享受。

2. 转变心态，把工作当成一种乐趣去经营

在职场中的年轻人要懂得，任何时候，工作都不是为别人，而是为自己。如果你把你的工作当成工作，基本上一辈子就是做一天和尚撞一天钟了。而如果你把工作当成自己的事业去奋斗，那么你得到的一定比期望的要高得多。

记得石油大王洛克菲勒在给他儿子的信中说了一个故事：

三个石匠在一起雕塑石头，有人问他们：“你们在这里做什么？”

第一位石匠回答说：“我在雕琢石头，凿完这块石头我就可以回家了。”

第二位石匠回答说：“我在雕琢石头，你看我做的雕像，虽然很是辛苦，但是却收入颇高。”

第三位石匠手中仍旧拿着工具，热情地回答说：“快来看看，我在做一件工艺品。”

第一种人是将工作当成惩罚，在他们嘴中说得最多的就是一个“累”字。

第二种人是视工作为负担，他们嘴里说得最多的一句话就是“养家糊口”。

第三种人视工作为一种骄傲，在他们嘴里说得最多的一句话就是"这一定是我做得最好的一件艺术品，我可以做得更好一些！"这种人永远会视工作为一种享受。

不同的心态，造就了不同的结果，成就了不同的人生。如果你赋予工作以实际的意义，那么无论工作大、小，再辛苦，再劳累你也会感到快乐的。如果你将工作当成自己的一项事业，那么，你就能够迸发出无尽的热情与活力，自己的潜能也会得到最大程度的发挥。你的每一次进步，都会收获巨大的成就感和满足感，你的一生将会是快乐的一生。

如果你视工作是一份工作，是一种义务，你的人生就会在地狱中度过；如果你视工作为一种事业，一种乐趣，那么你的人生则会在天堂中度过。

许斌取得博士学位之后，便自愿进入一家制造线路板的企业担任质检员。刚开始，许斌拿的薪水与普通的工作几乎相同。工作半个月之后，许斌就发现，该公司的生产成本太高，产品的报废率太高，于是，便主动地到各个生产部门去做调查，分析产品报废率高的原因，接下来，就找到老板给出了改进工作的方法，通过改革以占领市场。

身边的同事说道："老板给你的薪水不算高啊，你为何如此卖命呢？"他便笑着回答道："我是在为我自己工作而已，这是我的事业啊！"一年之后，许斌被晋升为副总经理，薪水翻了几倍。

只有将工作当成自己的事业来做，才能成就辉煌的人生。工作对所有有抱负的员工来说，永远不是负担，而是一种成功的途径。

为此，从现在开始，你也要把自己的工作当成自己的事业，只有这样，你才能够端正态度，充满热情地为自己的未来积蓄力量。岂能尽如人意，但求无愧我心，做好自己的本职工作，做最好的自己，才

能最终成就我们的事业。

著名作家六六说：你如果打算为养家户口，为义务去应对你的工作，那你一辈子都只会给别人打工且要过一种暗无天日的生活。你唯一出人头地的原因就在于，你有野心，把工作当成自己的事业去经营，你志不在小。如果不想一辈子都只给别人打工，不想过一辈子暗无天日的生活，那么，就从现在开始，好好做好你手中的工作，将工作当成自己的事业去经营，并立下大志，最终会创造属于自己的一番天地。

只有视自己的工作为自己的事业，才能让自己去克服任何困难，能不断地去激励自己，时刻充满热情地去面对每一次挑战，从而为自己的人生谱写更加美丽的篇章。

3. 不要总盯着眼前的"薪水"，敢于和业绩"叫板"

每个初入职场的年轻人，对未来都充满了渴望，渴望自己能更快成功，得到更多的财富！这是无可厚非的，每个人的潜能都是无限的，关键你要发现自己的潜能与正确认识自己的才能，并找到一个能够充分发挥自身潜能的舞台，公正地看待自己的能力，结合自身的实际情况和爱好冷静地做好选择，尽可能地到最需要自己、最适合自己的地方去！

从这个角度上来说，我们选择第一份工作的时候，切勿将眼光放在"薪水"上面，关键在于你是否选择对了发展的平台。不满足于现状，梦想成为一个人物，是每个处于起步阶段的人士所孜孜以求的目标。然而，在现实中，很多人不是在寻找成功的支点，而总是在抱怨失败的结果：

"我毕业于名牌大学，在公司混了这么多年，还只是拿着最低层人的薪水，老板简直太黑了！"

"我就是公司的一头老黄牛，吃的是草，产的是奶，什么时候我能够吃的是奶，产的是草就好了。"

"为何我这么努力，老板还不给加薪？"

凡此种种，不一而足。

努力了就一定得给加薪，付出了就一定要得到回报，工作久了就一定会得到升职，这是多数人的惯性思维。他们的思维仅仅被禁锢在薪水、报酬上面，这样的抱怨，其实也是一种自卑的表现，也是对自我能力不足的心理的焦虑。要知道，企业衡量一个人能力的标准就是你做出了多少业绩，而不是你付出了多少努力。一个人做什么，做多少其实不是最重要的，重要的是你的成果是什么。有句话说：业绩给人重量，报酬给人光彩。多数人只是看到了光彩，而不去称重量。为此，要想获得成就，获得高报酬，就必须要问问自己做出了多少业绩。

衡量你自身价值的是业绩，要获得高报酬，就一定要借助公司这个平台不断地修炼自己的能力，并将能力转化为实实在在的业绩。不要总清高地认为自己有能力、有才华，进入一家企业后，横挑鼻子竖挑眼，总觉得自己大材小用，总想着老板该付给自己更多的薪水，跟老板"叫板"不算本事，有本事，你与业绩叫下板。

张华大学刚毕业的时候，他就看上了一家广告公司，很想加入这个公司。因为这家公司很有实力有着强大的策划团队和管理理念。张华认为，自己在这家公司工作，能够让自己快速成长起来。

通过面试后，令张华感到意外的是，这家公司竟然开出 1000 元的工资，而且还没有奖金提成，这让许多刚毕业的大学生望而却步。

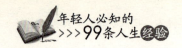

但是张华却选择了坚持，他相信，这家公司可以让自己学到很多东西，这些东西能让他终生受用。

加入到这家公司之后，张华全身心地投入到了工作中，勤奋地向老员工虚心学习，抓住每一个提高自己能力的机会。渐渐地，他在这份工作中得到了锻炼，积累了经验，工作技能和工作水平得到了彻底的提高。

3年之后，张华因为在工作中表现突出，得到领导的肯定，而他也因此被提升到了广告总监的位置上，薪水翻了好几倍。

张华不计较薪水的高低，把工作看成自身生存和个人发展的平台，尽心尽力地面对工作，积极主动地做好每一件工作，做出了卓越的业绩，最后得到了老板的认可和赏识，获得了高薪工作的机会。

由此可见，从心底热爱工作，改变自己对薪水的理解，不要被薪水所局限，而要将承担责任、尽职尽责，视为工作的一种快乐和幸福，并在这种负责中感受到自身的价值，最终你将获得薪水和事业的提升。

成功学大师卡耐基说："不可过分追逐金钱，金钱本身给你带来不了什么；追逐金钱，会给人一种为了活着而活着的感觉。为活着而活着是一种原始的生活，是文明的现代人所不能容忍的。"薪水固然重要，但它并不是全部，我们的前途是要在职场中去实现自己的价值。虽然说金钱是对我们努力工作的一种肯定，但是这种肯定并不是我们工作的全部。人生是一个不断学习的过程，对于初涉职场的我们来说，就更是如此了。

我们最应该做的就是避开薪酬，把目光放得更长远一些，这样，我们才会发现游离于金钱之外更有价值的东西。薪酬是会改变的，而决定薪酬高低的是我们的业绩，我们要学会与业绩"叫板"。

4. 得意之时莫张扬

低调做人，不张扬是一种修养、一种风度，是一个年轻人必需的品格。没有这样一种品格，过于张狂，就如一把锋利的宝剑，好用而易折断，终将在放纵、放荡中悲剧而亡，无法在社会中生存。

示人以弱乃生存竞争的大谋略，低姿态是收服人心的资本，藏锋是一种自我保护，藏而不露也是一种魅力。过于张扬，烈日会使草木枯萎；过于张扬，滔滔江水将会决堤。做人不张扬，就要学会不喧闹、不矫揉造作、不无病呻吟、不假惺惺、不卷入是非、不招人闲、不招人嫉……即使你认为自己满腹才华、能力比别人强、也要做到"风临疏竹，风过而竹不留声；雁度寒潭，雁去而潭不留影"的境界，这样才能在激烈竞争的社会走向通往成功的阳光大道。

如果自己的专业技术很过硬，如果你是办公室里的红人，如果老板非常赏识你，这些就能够成为你炫耀的资本了吗？年轻人如果这样想，就错了。

每当自己工作有成绩而受到上司表扬或者提升时，欢喜之余应该收敛，不要过分张扬。如果你在办公室中四下招摇，一旦消息传开来后，肯定会招同事忌妒，眼红心恨，从而引来不必要的麻烦。

苏姗被上司请进办公室，上司告诉她已经推荐她做客户部的经理了，相信很快任命就要下来，希望她这段时间好好表现，不要辜负了公司对她的期望和栽培。

苏姗自然是欣喜万分，走出上司办公室便已按捺不住了，立即小声地告诉了自己的密友。

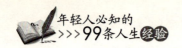

后来消息越传越广，几乎全公司的人都知道了，很多员工渐渐地疏远了她，后来的经理一职也不了了之。

得意之时，过分张扬，很可能引起他人的不满，认为你是个爱炫耀的人，也在无形中给了他人压力，这样只会给你今后的工作开展带来障碍。

《尚书》说："满招损，谦受益。"得意之时不可忘形，不可孤傲，否则乐极生悲，物极必反。纵览历史，忍受"胯下之辱"，能征善战的韩信，却在功成名就之时叫嚣"多多益善"，最终引火上身；"过五关斩六将"、智勇双全的关羽，由于骄傲轻敌，大意失荆州，导致蜀国局势急转直下。历览前贤成与败，我们不难得出：人生最危险、最可怕的时候，往往不是失意之时，而是得意之时。有了成绩、功绩不可学唐人孟郊那种"春风得意马蹄疾，一日看尽长安花"的不可一世的骄横之态，才能长盛不衰！

在艰难的日子，年轻人能够直面挫折，披荆斩棘，最终克服困难，战胜挫折，开拓人生新境界。可人生的列车一旦驶入坦途，一旦万事顺达、春风得意的时候，却容易忘乎所以，丧失警惕，不知不觉地醉死在温柔之乡。

寓言《生命高度》中有这样一则故事：

青黄不接的春夏之交，一只饥饿至极的老鼠跳进一口盛得半满的米缸里。面对意想不到的口福，老鼠自然不会放过。但饿鼠仍然十分警惕，先用舌头舔一舔表层的米粒，几个时辰之后发现自己依然口不干、舌不燥、头不痛，接下来自然是一顿饱餐，吃完倒头便睡，不知不觉中过了好长时间。有时它也曾想跳出这口米缸，但一想到身边有这么多白花花的大米，嘴就发痒，怎么也舍不得离开。直到有一天米缸见底了，它才发现缸底到缸口的高度自己难以跨越，且肥胖的身躯已使自己失去弹跳力，最后饿死缸中。

饥饿的老鼠最大的悲哀就在于，得意之时，被胜利冲昏了头脑，无视诱惑后面隐藏着的危险。它越多待一天，越多贪吃一粒，距死亡也就越近一步。

醉死在温柔乡中的年轻人就如同这只老鼠一样：一逢得意，便踌躇满志，在欣喜昂然之余，往往会松弛心理防备，忘乎所以了。

年轻人当你遇到赏识、器重和信任你的领导时，当你碰上能充分展示自我的良好机遇时，当你在事业上不断取得骄人的业绩时，一定要使自己有一个平静平和的心态，把握机遇，不断超越自我，这样才可以将个人的才智发挥得淋漓尽致；但如若把握不当，你又往往难以认清自己，难以把握自己，也容易迷失自己。那么，如何做到得意之时不张扬呢？

1. 谦虚。

孟德斯鸠说："我从不歌颂自己。我有财产、家世，我花钱慷慨，朋友们说我有风趣，可是我绝口不提这些。固然我有某些优点，而我自己最重视的优点，却是我的谦虚。"谦虚是一个人成才的基本素养。缺少谦虚就缺少见识。所以，年轻人要懂得谦虚，特别是在得意的时候，谦虚才会得到更多人的认可。

2. 喜怒不形于色。

中国有句古语："大丈夫喜怒不形于色。"这其实是做人的一种境界。成功人士或者是社会经历比较丰富的人都是这样。得意时，将秘密隐藏在自己心里，否则，如果你表现出来人家会觉得你这个人太浅薄，没有"心机"。

3. 学会思考。

得意之时看到潜在的危险，时刻保持清醒的头脑和"如履薄冰"的姿态，以强烈的忧患意识拼搏进取。因此"春风得意"之时冷静地审视自我，时时提醒自己，切不可妄言妄语，更莫要胆大妄为，目空

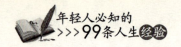
一切，执着追求，路才会越走越宽阔。

当然，志得意满时应平淡如水，不可骄傲侮慢，仍须心谦身平，不狂妄、不张扬，心体莹然不失人生之本，堂堂正正做人，踏踏实实做事。失意之时不可自暴自弃，自我作践，更不可自我绝望，而要与之坦然。

5. 把工作当成事业去经营

来到了新的工作岗位，开启了人生的新旅程，工作就是生活，事业就是我们价值的体现，因此，作为年轻人应该把工作当成事业去经营，与自己的职业生涯联系起来，用心投入到工作之中，就会有激情，有活力。

从前，有3个年轻人，迫于生计成为了一名修桥石匠。

一天，路人问3个石匠在做什么。第一个石匠说："我每天都在搬石头砌桥。"第二个石匠说："我的工作很重要。我要把每一块石头砌好，这样桥才不会坍塌。"第三个石匠则踌躇满志地说："我的责任十分重大，我要将它建成这里最好的桥，让它成为这里的标志。"

20年后，路人再次回去看他们生活过得怎么样。意外地发现同样是以前的石匠，他们的生活竟有天壤之别。当年的第一个石匠现在还是一个石匠，仍然像从前一样做着敲石头修桥的体力活；而在施工现场拿着图纸的设计师竟然是当年的第二个石匠；至于第三个石匠，他现在已经是一家建筑公司的老板。

故事中，3个不同命运的石匠告诉我们，年轻人对待工作要执着，要看到未来的发展远景，这样会更投入，更会享用工作本身的乐趣，也会更有成就。

而如今经常会看到这样的事情，大多数年轻人，以"不想做了、辞职了、工资少了……"等理由，都摆出"做一天和尚撞一天钟样子"，混一天算一天，得过且过。

钟，是佛教丛林寺院里的号令，清晨的钟声是先急后缓，警醒大众，长夜已过，勿再放逸沉睡。而夜晚的钟声是先缓后急，提醒大众觉昏衢，疏昏昧！故丛林的一天作息，是始于钟声，止于钟声。

从前有两个刚进庙的和尚，在庙里担任司钟。有一个小和尚非常高兴，不就是每天按时撞钟嘛！简单又清闲。半年下来，觉得很无聊。有一天，住持宣布调他到后院劈柴挑水，原因是他不能胜任撞钟一职。

小和尚很不服气地问："我撞的钟难道不准时、不响亮?"

住持耐心地告诉他："你撞的钟虽然很准时、也很响亮，但钟声空泛、疲软，没有感召力。钟声是要唤醒沉迷的众生。因此，撞出的钟声不仅要洪亮，而且要圆润、浑厚、深沉、悠远。""不要以为撞响了就可以，要想让钟声洪亮、圆润、浑厚、深沉、悠远，就必须用心，才可以让沉迷的众生醒悟。"

另外一个和尚打钟的时候心中想到钟即是佛，必须要虔诚、斋戒，敬钟如佛，用如入定的禅心，和用礼拜之心来司钟。

住持听了非常满意，再三地提醒道："往后处理事务时，不可以忘记，都要保有今天早上司钟的禅心。"

这位沙弥从童年起，养成恭谨的习惯，不但司钟，做任何事，动任何念，一直记着住持的开示，保持司钟的禅心，他就是后来的森田悟由禅师。

谚语云："有志没志，就看烧火扫地。"在什么样的身份、职位、角色，就要尽心尽力、尽责尽份。小和尚似的"做一天和尚

撞一日钟"，终将一事无成。森田沙弥虽小，都晓得敬钟如佛的禅心，难怪长大之后，能成为一位禅师！可见凡事带几分禅心，何事不成？

仔细想来，生命和事业其实就是钟，我们每个人都是撞钟的人，但有的人坐在钟前，抱着消极的态度：想撞就撞，不想撞就不撞，或者是每天按时，把钟撞响就行，不管撞的能否唤醒沉迷的众生。

古语云："在其位，谋其政。"既然你选择了这个职业，就要踏踏实实、勤勤恳恳、孜孜不倦地干，切勿跟小和尚一样"做一天和尚撞一天钟"。试问，这样的打工仔心态，你真能"撞"得下去吗？

因此，每个年轻人都应用心地把自己的工作当作事业去做，不仅你是为自己的前途而努力，还是为自己的事业而工作，积极地看待你现在的工作，真正做到"做一天和尚就撞好一天钟"的理念，将钟撞出韵味，这样心中的"钟"才是快乐的、主动的，效果也是最好的。"等着瞧、听天由命、做一天和尚撞一天钟"的处世心态，却会让你"撞"得头破血流！年轻人，如何才能把工作当成事业去经营呢？

1. 设定短期、中期、长期的任务和目标

一般来说，事业是终生的，而工作是阶段性的。将自己的任务阶段性完成，有利于长期完成自己的工作任务，且还能提高完成工作的积极性。

2. 忠诚于工作，以积极乐观的心态来工作

消极封闭的思维方式只会使工作和生活原地踏步。如果对工作缺乏热情，只是为了薪水而工作，很可能既赚不到钱，也找不到人生的乐趣。

积极地工作，变被动为主动，主动承担工作，对自己所做或是所负责的事情承担责任，不知不觉中就能把工作当作自己的事业。

3. 积极对待工作的态度

对待工作的态度有好多种：有的人仅仅是把工作当作一种谋生的工具，总以为工作是为别人干的。于是，抱着一种敷衍应付的态度，当一天和尚撞一天钟，不求上进，得过且过。有的人把工作当作一种表演，把岗位当作戏台，只作虚功，不求实效。有的人把工作当作事业，当作实现自身价值的舞台，充满激情、勤奋扎实，兢兢业业。

把工作当作事业经营，要有一种使命感、责任感。只有把工作当作事业干，我们才会对工作怀有敬仰之情、珍爱之情，才能对工作产生激情，也才能有为之奋斗无怨无悔的境界。

6. 低调处理内部纠纷

矛盾是无处不在，无时不有。由于每个人的生活环境、性格、观点、想法、利益等不同，同事之间难免会产生一些矛盾。当矛盾来临时，应该如何去解决矛盾呢？

在长时间的工作过程中，与同事产生一些小矛盾，那是很正常的。不过在处理这些矛盾的时候，要注意方法，尽量避免你们之间的矛盾公开激化。如果你不积极化解大家的矛盾，将矛盾公开，那么你的职业生涯又会多上一个"敌人"。

李璐和王彗是一对无话不谈的好姐妹，两人自工作以来，一直住在同一宿舍，每天一起上班、一起下班，几乎到了形影不离的地步。

工作中，两人因一点小事而闹得不可开交，弄得"满城风雨"。

李璐和王彗不再形影不离，而是单独行动。后来，两人为了此事还弄得反目成仇，多年的感情就此烟消云散。

从此，李璐经常在王彗的背后说些不三不四的坏话，逼得王彗不得不离职。

我们都希望和自己的同事和睦相处，人际关系的融洽能放松人们紧绷的神经，也有助于缓解工作的压力。但有的时候矛盾确实不可避免。同事之间有了矛盾并不可怕，只要我们能够面对现实，积极采取措施去化解矛盾，同事之间仍会和好如初，甚至比以前的关系更好。

工作中同事矛盾出现了，要尽量避免正面冲突，生活中的许多冲突虽不会置人死地，却让人烦恼终身。有没有这个必要，非要正面交锋、咄咄逼人、锋芒毕露？委婉的方式，含蓄的语言，灵活的妥协，暂时的回避，这是避免正面冲突和矛盾激化的良方，也是保持良好人际关系的要诀。

矛盾是事物发展的动因，在日常工作中时常会有磕磕绊绊，同事间出现了矛盾该如何低调解决呢？

1. 必须确立一个观念：和为贵

同事作为你工作中的伙伴，难免有利益上的或其他方面的冲突，处理这些矛盾的时候，你第一个想到的解决方法应该是和解。因为人际关系的和谐处理不仅仅是一种生存的需要，更是工作上、生活上的需要。和谐的同事关系让你和你周围同事的工作和生活都变得更简单，更有效率。

2. 宽容忍让，学会道歉

同事之间出现矛盾是很正常的，你能主动忍让，多为别人着想，用你的真诚就可以很轻易地化解矛盾。

3. 不争论冷静处理

当与别人发生冲突之后，应该不计较和不争执，冷静地表达观点，避免不必要的语言暴力。其实粗暴争论解决不了问题，假如双方都情绪激动时，只好停止争论，暂时终止讨论，让气氛平复下来后，再作处理。

4. 要勇于承认自己的不对之处

不要总害怕承认自己的不对，以为这样别人就会看不起自己。其实，真正有能力的人是敢于承认自己的不对之处的。而且，承认自己错了，常常能够有效地让对方闭嘴。

最后，要让对方知道你非常需要他。这一点是很重要的，它能在很大程度上调动起对方的积极性，抬高对方的自尊，对方一高兴，就可以避免把谈话激化，尽可能减少或消除敌对怨恨。

低调处理同事之间的纠纷就必须敞开心胸，在相处时理解对方、容纳对方、求同存异，而且要学会化敌为友，在心中消除敌意。平日里多进行一些有效的沟通，增进彼此的了解。这样，既可以减少误会的发生，也会促进彼此的友谊。

7. 职场新人：要懂得"笨"鸟先飞

实力才是职场取胜的基础。

刚刚毕业的大学生都是"职场菜鸟"，比起"职场老鸟"来说，大多都是"笨"鸟。所以，在工作中，要懂得比自己有能力的人先飞，快别人一步，才能步步先于别人，只要勤奋，就有机会，就会有出路。

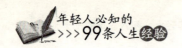
华人首富李嘉诚曾经说过:"昨晚多几分钟的准备,今天少几小时的麻烦。"想要在激烈的竞争中走在别人的前面,你就得早一点出发,才有可能成为最早欣赏到壮美日出风景的人。

东汉时期,有一个人叫乐羊子。一次,乐羊子拾到了一块金子,高兴地拿回来交给妻子。妻子说:"有志气的人会严格要求自己,把捡来的东西拿回家是败坏自己的名声。"乐羊子深感惭愧,就把金子放回原处,妻子说:"你很笨要笨鸟先飞,要出外求学去。"

所以乐羊子就出外求学去了。但一年后,乐羊子因为思念妻子返回家中。妻子把他领到织机旁说:"这布是一寸寸、一尺尺织出来的,日积月累才能成丈、成匹。如果我把它剪断,就前功尽弃了。求学也和织布一样,不能在学到一半的时候放弃。"

乐羊子深受感动,又回去求学了,7年没有回家。

这则故事不仅是"笨鸟先飞"的出处,同时还告诉我们一个深刻的道理:笨鸟先飞早入林,笨人勤学早成才。

对于刚刚踏入职场的年轻人来说,如何才能从"笨鸟"变为老鸟呢?

1. 早计划、早行动、早准备

俗话说:"早起的鸟儿有虫吃。"所以"笨鸟"想吃得比别人饱,就应该早计划、早行动、早准备,时时早、事事早。

西晋著名文学家左思,他小时候很笨,读书很慢,字写得也不好,所以常常受到老师的批评。

左思很羞愧,常常感到伤心。"为什么自己那么笨?""为什么自己的学习成绩总是不好?"

有一天,他看见一只蜗牛慢吞吞地往墙上爬,爬了很长一段时间,才翻过墙头。

左思心想:"这不就是我吗?"我可以像它那样一点一点地爬上

去，只要勤奋，我的成绩一定能够提高。

每天一大早，当别的小孩还在梦乡的时候，他就已经起床了，捧着书摇头晃脑地读了。

功夫不负有心人，经过长期的努力，左思的学业日渐突出，最后成为了同窗中的佼佼者。

比别人笨并不可怕，可怕的是你不敢面对自己的笨，从而去采取行动来弥补自己。

2. 勤劳

笨鸟不笨，只是需要比别人付出更多的努力。所以年轻人要学会给自己打气，笨鸟先飞，是一种智慧，而不是一种懦弱。"勤"才是通向成功最快的途径。因此，年轻人遇到挫折和困难时，不应该放弃。只要你足够勤劳，总有一天会有成就的。

一位魔术大师在苏丹面前表演魔术，他的魔术表演使得苏丹大加赞赏，惊异地称其为天才。"陛下，大师可不是从天上掉下来的，这位大师的技艺是他多年以来勤于苦练的结果呀！"一位大臣说。

苏丹被大臣的反驳扫了兴致，于是就轻蔑地大声喊道："你没有任何才能，你到城堡里去吧！在那里你要好好反思一下我说的话。为了使你不至于寂寞，我送给你两只小牛犊作伴。"

从被关到牢房的第一天开始，这个大臣就抱着小牛犊练习爬台阶，从第一个台阶直到塔顶。几个月后，小牛犊越来越大了，这个大臣的力气也不知不觉地增长了。一天，苏丹突然想起了他的大臣还被关在大牢里面，于是就亲自去看看他。当苏丹走到大牢里的时候，他感到非常惊奇："真主呀，这是多么地不可思议，多么神奇呀！"

原来，这位大臣正用双手捧着一头大公牛，对苏丹说从前说过的那些话："陛下，大师可不是从天上掉下来的。我的力量是我勤奋练习的结果呀！"

"勤能补拙是良训，一分辛苦一分才。"这世上没有轻而易举就能学到的本领，也没有不费一丝力气就能得到的收获。

在生活和工作中，对于自己不如别人的地方要刻苦地学习，日积月累，事业才会成功。《阿甘正传》里的阿甘，虽然身陷残疾，但是做事都比别人早一步，快一步，所以能够自由翱翔在自己的天空中；王安石笔下的神童"仲永"，虽说天生天资聪颖，但不思进取，最后也只能徒伤悲。

现实社会竞争越来越残酷，但生活处处充满生机。机会常在，但成功只会留给那些智者，会留给那些充满激情的先行者。勤奋的人，越来越好；懒惰的人，越来越差。先飞的"笨鸟"们经过不懈的努力，将走在时代的前面，成为后起之秀；徘徊的"灵鸟"不思进取，总将有一天会被"笨鸟"超越。

年轻人，从此刻起，去作一只先飞的"笨鸟"吧，以跃跃欲试的姿态，趁机飞跃，气冲霄汉，追星逐月。

8. 不传播小道消息，切勿搬弄是非

职场中很多年轻人喜欢传播小道消息、搬弄是非。如果你是这样的人的话，你基本上和晋升无缘。

"为什么某某总是和我作对?""李某和王某好像恋爱了"……办公室里常常会飘出这样的流言蜚语。要知道这些流言蜚语是职场中的"软刀子"，是一种杀伤性和破坏性很强的武器，这种伤害可以直接作用于人的心灵，它会让受到伤害的人无比地反感。要是你非常热衷于传播一些挑拨离间的流言，至少你不要指望其他同事能与你

同流合污。经常性地搬弄是非，会让公司里的其他同事对你产生一种避而远之的感觉。要是到了这种地步，相信你在公司里头也不好混了。

一般来说爱道人是非者，必为是非人。没事总是打听人家的隐私，道说这个的不好，那个的不是，等等。长舌之人可能会挑拨你和同事间的交情，当你和同事真的发生不愉快时，他却隔岸观火、看热闹，甚至拍手称快。也可能怂恿你和上司争吵。他让你去说上司的坏话，然而他却添油加醋地把这些话传到上司的耳朵里，如果上司没有明察，届时你在公司的日子就难过了。

如果将一个人的生活做个粗略地划分，根据时间和空间的不同，大致可分为公域和私域。因此，我们说话要分场合，"公私分明"是一条在什么时候都很有效的游戏规则。所以，办公室里不能乱说话，即使说也要说公事，不要掺和私事。别人没兴趣会让你扫兴，别人感兴趣对你可能会更糟。当然，说话的过程中，我们尤其注意的是千万不要搬弄是非。

许多年轻人进入职场后，为了争权夺位，不惜四处散播谣言，或者搬弄是非，惹得人人生厌，公司内部的和谐状态被彻底打破了，完全违反了职场中的游戏规则，结果，老板不得不请他卷铺盖走人。

杨奇刚进入职场时，不知道深浅，与同事王某一同出去吃饭，听王某诉说主管陈某的一些是非，他便在后来的一次出差机会中把这些话又原封不动地告诉了陈某。陈某一气之下，又说了王某一些事情，杨奇出差回来后又在一次偶然的机会中告诉了王某，因此，王某和陈某大吵了一顿，顺带牵出了杨奇。后来，老板为了摆平这些事情，把杨奇辞退了，这才平息了王某和陈某的怒气。

所以，在职场上，我们一定要注意自己的嘴，尽量避免谈论公司的人和事。

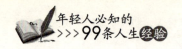
　　人事关系最微妙，有人升迁，有人被炒。你不是老板，你不知原委就别开口，至于谁的是是非非，你自己知道就得了，犯不上传扬或跟人背后嘀咕。同样，有些类似"公司福利不好""公司老让加班，不给加班费""工作环境差"的话说也白说，反而传来传去，被添油加醋，让你连解释的机会都没有。"没有不透风的墙"，今天你和某同事说"小陈能力不行，办不成事，而且还很小气"，过不了两天话就传到小陈耳朵里了，你还不知情，却把人得罪了。

　　此外，要管好自己的嘴，我们在一些场面上说话也一定要把握好分寸。分寸拿捏得好，很普通的一句话也会平添几许分量。话少往往精练，让人觉得你是经过深思熟虑才说出来的。话太多往往容易失控，口无择言，想说什么就说什么，往往容易授人以柄。

　　在职场中，怎样才能避免不转播小道消息，远离是非呢？

　　1. 洁身自好

　　职场中尽量远离那些爱搬弄是非、传播小道消息的人，不同流合污。

　　2. 少说话多办事

　　俗话说："祸从口出。"工作中要做到少说话多做事，将自己的心思放在工作中，小道消息便会远离自己。

9. 做出业绩的同时，也要懂得展现自己

　　在职场中，要升职，需要多个条件同时具备才行。就像高考录取是看几个学科的总分，不只看单科分数一样。你想得到领导的认可，除了一方面要全力以赴做出成绩，另一方面也要抓住机会，学会展

现你自己，让公司或上司了解你的业绩、实力、潜力，两者都是不可少的。能做事的话，前者已经具备，在擅长做事的基础上，再增加一些主动性和灵活性，就可以如虎添翼，升职加薪将不再是难事。而如果你只是被动等待，只会让自己失去更多成长和表现的机会，也会因为长期得不到应有的回报而产生挫败心理，丧失工作积极性，这是不利于自己的职业发展的。

小王最近对老板很是失望，自己兢兢业业在公司工作好几年，论技术、能力、业绩、敬业，部门内部好像没有人能强过他。但想不到，老板却把这次晋升主管的机会，给了比他晚来一年的同事小张。小王很生气，认为小张除了会在领导面前善于表现外，没有哪点儿能胜过自己。

小王向朋友抱怨，很想辞职，但是朋友却问他："小张有没有不够资格或者违规提升的地方呢？"小王迟疑一会儿，倒真也想不出来。朋友就建议小王能够积极主动一点儿，尽快地让老板了解他的能力。就算这次升不上去，只要有能力也能争取到其他的什么机会，或者至少不会下次有机会的时候，被老板忽视。

这个建议，让小王很是犯难：主动去表现自己，这怎么能做到呢？对于他来说，这比攻克一道技术难题更为困难。

只有适当抓住机会在领导面前表现一下自己，才能获得发展和晋升的机会。生活中，像小王这样的人很多，他们只会埋头做事，勤勤恳恳，不懂得抓住机会，表现自己，能力或本事无法得到认可，默默等待很久仍未改变，最后忍无可忍地辞职，或者抱怨连连，阻碍个人职业发展。

当然了，从被动地等待机会，到主动地抓取机会，你首先要放下一些错误的观念：比如，主动在领导面前表功不好，主动提加薪升职是很没面子的事，跟上司走得太近会招惹是非，等等。其实，只要你

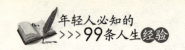

有业绩，有真实力，真本事，适当地在领导面前表现一下，并无不妥。

要抓取机会表现自己，除了要有积极主动的心态之外，还要灵活掌握一些技巧，让上司或领导在无形之中认可你，不妨试试以下几种方法：

1. 在小事上表现自己。

每个人都有从一点一滴的小事上评价一个人的习惯，若是你不将小事放在眼里，认为自己的能力根本不屑于发挥在小事情上面，那么一旦别人遇到较棘手的事情时，第一时间也是不会想到你的，因为你对小事的满不在乎会让别人对你感到失望的。

2. 在交谈中表现自己。

交谈可以表现出一个人的修养与学识，在与别人交谈的过程中，若是你的言谈举止能够做到有条不紊、幽默诙谐的话，那么一定会给人留下好的印象。同时，在交谈中也要善于适当地表述一下自己的个人能力，久而久之，你的能力自然能得到全公司人员的认可。

3. 在关键时刻表现自己。

关键时刻最能够考验一个人，所以，在某些重要的场合下，你一定要比平时表现得更为出色，比如作为公司代表在社交场合发言时，知识渊博的你更要发挥出平日积累的学识和言语上的特长，这样你就很容易脱颖而出，成为众人关注目标和所需要的对象了。

4. 在了解对方的基础上表现自己。

想要被他人所需要，你要做的事情就是要投其所好，当你了解对方的喜好、特长、交往习惯的时候，就很容易让对方接受你，你也能够成为他人眼中善解人意且有魅力的人。

5. 在对方看不到的情况下表现自己。

在对方看不到的情况下，也别忘记去表现自己，这样你的"美名"可能会通过其他途径传到对方的耳朵中，会使你受益无穷。比如在工作中，尽管顶头上司没有在办公室里，你也要一如既往地更加卖力地工作，你的表现可能会通过其他途径传到上司的耳朵中，当你的上司需要一个踏实肯干的副手的时候，第一个想到的必然是你。

6. 勇于在突发事件上表现自己。

面对突发性事件，很多人都会因为怕冒风险、怕担责任而不愿意理会，而你若是能在这种时刻勇于表现自己化险为夷的能力，就一定会受到他人的肯定，成为被需要和被重视的对象。

总之，方法很多，需要你灵活变通。要记住：即便你有登天的本事，如果如同茶壶煮饺子一般倒不出来，那么自然就没有了任何被重视的可能了。如果你不想被忽略，不想自己的价值被埋没，那么，就从现在开始赶快行动抓住一切可利用的机会去表现自己吧！

10. 切勿眼高手低，大才干都是从小事中被挖掘出来的

初入职场的年轻人都想成就一番大事业，于是，意气风发，总想去做些大事以展现自己的才能。但是，对于一个公司或企业来说，很少一开始就把重大的事情交给新人去做。于是，新人在心理上难免会出现失落的情绪，眼高手低，觉得自己读了几年书去做些细小的事情是浪费人才。但是，你要明白，要成就一番大事业，是一个漫长的过程，就像是参加一场马拉松比赛，有初赛、复赛和决赛。初赛的时候，大家都刚刚进入社会，实力一般，这个时候，你一定要摆正心态，稍微努力、认真一点就可以让自己脱颖而出，所以，很多人在20多岁就做了经理。要想成为这一群人中的一员，最为重要的就是

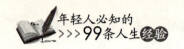

要能够从小事做起，做他人不愿意做，做别人认为最低下、最卑微的事情，千万不能眼高手低，做好每一件小事是你赢得初赛的资本。

生活中，经常看到这样一群人，他们在任何一家公司待的时间都很短，他们的年纪不小，但永远是职场上的新人。他们总是觉得自己能力超群，不能受到重用，无可奈何之下，就离开再跳槽到另一家。几年下来，没有练就一项专业特长或技能，没有积累任何经验，最终一事无成。这些人在工作的时候，往往瞧不起那些小工作，即便是做了，也不是心甘情愿，总觉得自己被屈才了，受委屈了。结果大事没做好，小事也干不了，什么成就都没有。这种人往往自认为自己身怀雄才大略，却因为缺乏踏实、肯干的心态无法受到领导的器重。然而，可以试想，一屋不扫，何以扫天下？小事情做不好，如何做成大事情呢？想做大事，就一定要有做大事的能力和心态，而这种能力则是经过一点一滴的不断积累而成的，并非学到什么就可以马上用到工作中来。如果你每天总是想着一些不切实际的"大事"，不仅实现不了你的雄心壮志，连自己的饭碗都有可能保不住。

饭要一口一口地吃，仗也要一场一场地打。即便你想受到重用，也要从小事情做起。如果总是眼高手低，最终只能以失败告终。

曾经有记者采访李嘉诚时问道："您的企业选用和起用年轻人的标准是什么？什么样的人是您最喜欢的？什么样的人您不敢用？"

李嘉诚语重心长地回答："不脚踏实地的人，是一定会当心的。我看人并不保守，但是我认为，一个根本不好的人，还不懂得脚踏实地，这样的人信用就有问题，无论你如何有才，都是第二位的。"

天上不会掉下馅饼，从来没有不需要付出任何辛苦努力的工作，也没有唾手可得的收获。工作需要你付出体力、智慧和时间。只有乐意主动吃苦，锻炼自己，才有可能得到应得的利益。你的吃苦耐劳带给企业的是业绩的提升与利润的增长，而带给你自己的则是知识、技能、才干和经验的积累和增长，还有源源不断的机会。当然，还有源源不断的财富的增长。

高奋是一家大型机械生产公司的董事长，在过去10几年的经验积累之中，他将自己规模不大的厂子发展成为当下的上市公司。在接受媒体采访时，他深有感触地说起了自己的成长经历：

在刚刚毕业上班的时候，我只是一个车间实习生。公司从原材料、制浆、再生产到出厂，所有的生产流程一共有25个车间，我被安排到其中的10个重点车间去实习。主要目的是进一步了解公司的情况，熟悉公司的设备运作与生产流程，同时还要与职工交流沟通，参加各种体力劳动，经受各种酷暑和体力劳动的考验以磨炼自己的意志。我豪情万丈地开始了学习，因为我觉得我需要这样的一个锻炼和接受考验的机会，这是我在公司站稳脚跟的基础。

我在车间开始一丝不苟地工作，十分注意观察和了解公司的工艺流程、掌握生产原理，并与员工聊天不断地拉近与他们之间的距离，遇到体力活动，我会动手搬运、推车、打件等这些极为细微的工作。我实习车间的温度高达50摄氏度，每天早上六点多钟就进车间，不到几分钟，我的衣服就会被浸透，一天要换几件衣服。但是我觉得正是那一个月的辛苦，才让我更彻底、更详细地了解了公司的运作流程以及各个部门的生产细节，这为我以后改进生产工艺奠定了坚实的基础，也是我将企业做大做强的基础。

由此可见，一个人的才能和经验都是从基层的各种细节工作做起的，只有脚踏实地，一点一滴不断积累，才能够一步一步地迈向成功。

阿里巴巴首席执行官马云曾经有过这样一番精辟的论断："所有的MBA进入公司之后，首先都要从最基层的销售员做起，如果在6个月之后能够留下来，就可以继续留任。因为我想给他们更多的时

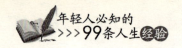

间进行历练，只有沉得低，才能够跳得高。"

其实，这个世界上从来就没有什么"世外桃源"，任何工作都不如自己想象的那么完美，也都有不尽如人意的地方，作为一个有责任的人，要正确地对待工作中出现的一些问题、挑战，勇于从小事做起，敢于吃苦，在小事中不断地提升自己的能力，才能迎来更加美好的职业前景，最终的理想才能得以实现。

第五章

年轻人，做人做事
要讲究原则

　　有人说，人一生有两种活动，一是学会做事，一是学会做人。学会为人处世的基本道理，就是要学会与人相处，学会正确做事。

　　为人处世是每个人的终生必修课，尤其对于刚刚踏入社会的年轻人在交往频繁的人际关系中更是如此。

　　如果你不懂得为人处世，在事业前进的道路上，是会常常碰壁的。做人做事是一门艺术，更是一门学问，都是要讲究原则的。

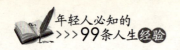

1. 凡事不要斤斤计较

有一句格言说：比大地宽阔的是海洋，比海洋宽阔的是天空，比天空宽阔的是人的胸怀。大地无垠，大海辽阔，天空茫无际涯，而人的胸怀是无边的。

生活中有一些年轻人，遇事总爱斤斤计较，为一点蝇头小利，争得面红耳赤，甚至头破血流。在人际交往中锱铢必较，生怕自己吃亏，最后无疑弄得处处碰壁，烦恼无限。

刻薄者无朋，吝啬者寡友。与人交往斤斤计较，"利"字当头，什么亏都不能吃，什么便宜都想占，朋友便会远离你。因此，凡事不要斤斤计较，留三分余地给别人。

宽以待人、胸怀大度。怀着一颗悠然的心，让心窗看到人生的美景；品一曲高山流水，让心灵走向沉静。打开心灵的钥匙——人生不必太计较，你会感觉到每天都阳光灿烂。

从前，有一个年轻人脾气非常不好，动不动就与人打架，因而人们都很讨厌他。

一日，这个年轻人无意中来到了一座寺庙前，正遇到一休禅师在讲佛法，他听完之后异常懊悔，决定痛改前非，于是对禅师说："师父！今后我再也不与别人打架发生口角了，即使人家把唾沫吐到我脸上，我也会忍耐，默默地承受！"

"就让唾沫自干吧，别去拂拭！"一休禅师轻声说道。

年轻人听完，继续问道："如果拳头打过来，又该怎么办呢？"

"一样呀！不要太在意！只不过一拳而已。"一休禅师微笑着答道。

那个年轻人实在无法赞同了，便举起拳头朝一休禅师的头打去，继而问道："现在感觉怎么样呢？"

禅师一点儿也没有生气，反而十分关切地说道："我的头硬如石头，可能你的手倒是打痛了！"

年轻人无言以对，似乎对禅师言行有所领悟。

不斤斤计较，是一种高明的处世方法。人与人相处过程中，与人为善，以宽阔的胸怀待人处世。禅师以宽广的胸襟面对年轻人的无礼，使年轻人无言以对。

不斤斤计较的人拥有豁达胸怀，能更好地包容琐事和宽容他人，才能让繁杂浑浊的尘世少一些纷争和矛盾，使自己的生活过得幸福美好。

亚伯拉罕·林肯是美国第16任总统，是世界历史中最伟大的人物之一，领导了拯救联邦和结束奴隶制度的伟大斗争。人们怀念他的正直、仁慈和宽容的个性，他一直是美国历史上最受人景仰的总统之一。

林肯总统政敌较多，但他一直以宽容对待，从不跟他们斤斤计较。后来引起一些议员的不满，议员建议他："你为什么要试图与他们成为朋友呢？你应该想办法去打击他们，消灭他们才对。"

林肯总统温和地回答说："我难道不是在消灭政敌吗？当我使他们成为我的朋友时，政敌就不存在了！"多一些宽容，心胸就会宽广，自己也会活得快乐一些。

在人际交往上，允许别人的谈吐不怎么珠圆玉润，不怎么温馨得体，允许别人在行为上未受王室礼仪陶冶，允许他人质疑，允许他人轻视，允许他人心口不一，允许他人客气，允许他人不真诚，允许他人比自己得到的多，允许他人做法律允许的一切事而不去计较

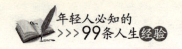

……这样，就给自己铺设了一片光明的心地。

怎么样让自己不要斤斤计较?

1. 宽心。

海纳百川，有容乃大。在工作生活中，总会遇到形形色色的人，碰到各种各样的事。无论遇见什么样的人，遭遇什么样的事，不要太过计较。凡事都看淡一点、看开一点、想开一点，凡事多加包容和宽容。斤斤计较，害人害己；宽容大度，利人利己。

2. 忍让。

古人云："大丈夫能屈能伸。"一个人要懂得退让的道理，你看到不顺眼的事时，一定要懂得忍让，注意不要让自己和他们同流合污，不必让这些事扰了你的心。别人的想法你可以不发表议论，听听就好，说一些中立的话，不伤害人就好了。

3. 摆正自己的心态。

托尔斯泰说："每个人的心灵深处都有着只有他自己理解的东西。"摆正自己的心态，你便会在一个愉悦轻松的环境中生活，从而能完全地放松身心，享受那美好的人生。

2. 得饶人处且饶人

《增广贤文》有言："饶人不是痴汉，痴汉不会饶人。"饶人是一种博大的胸怀，是一种交际美德，是一种人生智慧。

古时候，有个道士擅长下围棋，凡是与别人下棋，总是让人家先走一步，后来他写了首诗：烂柯真诀妙通神，一局曾经几度春。自出洞来无敌手，得饶人处且饶人。这就是"得饶人处且饶人"的来历。

然而，在生活中，我们常常会发现一些年轻人一旦在人际交往中得了理，占了势，就气势汹汹，不可一世；鸡蛋里挑骨头，抓住别人把柄不放，扬扬自得，令人望而生畏。

在生活中，人与人之间出现摩擦、不快和委屈是常有的事。我们不能以针尖对麦芒，应抛下怨恨，能宽容时便宽容，得饶人处且饶人。

一头大象，在森林里漫步，无意中踏坏了老鼠的家。大象很惭愧地向老鼠道歉，可老鼠却对此耿耿于怀，不肯原谅大象。

一天，老鼠看见大象躺在地上睡觉，心想：机会来了，我要报复大象，至少，这个庞然大物，我可以咬它一口。但是，大象的皮特别厚，老鼠根本咬不动。这时，老鼠发现大象的鼻子是个进攻点。老鼠钻进大象的鼻子里，狠狠地咬了一口大象的鼻腔黏膜。大象感觉鼻子里一阵刺激，它用力地打个喷嚏，将老鼠射出好远，老鼠被摔个半死。

哲人说："你能宽容别人，天地都会变小。"所以，做人要得饶人处且饶人，给人留个台阶，同时也是给自己留条退路。

有这样一个故事：

路边，一只黄蜂和一条蛇为争夺树丫上的烂梨子而打了起来。蛇一甩尾巴，差点把黄蜂打得喘不过气来。气急败坏的黄蜂瞅了个空子，一下子飞到蛇的头部，并紧紧地叮在那里不放。

蛇不停地摆动头部，想把黄蜂甩掉，但黄蜂丝毫没有飞走的意思。蛇又痛又痒。

这时，刚好有位农夫点了一把火，在烧路边的荆棘。蛇见了，心想，你让我痛苦，我也不让你好死，咱们同归于尽吧。于是，蛇一扭身子，钻进了大火中。

蛇和黄蜂一起化为灰烬。

　　得饶人处且饶人，做事不要做得太绝，要知道，善待别人就是在善待自己，给自己和别人留有余地，也给自己和别人一条退路。

　　古语云："人非圣贤，孰能无过。"生活中，人与人之间发生矛盾在所难免。一旦有了纷争，多给人台阶下，多放人过关，多与人为善，不争一日之短长，不争一言之褒贬。这样，世间便少了一份怨恨、多了一份真情，我们才能拥有和谐的人际关系。

　　按理说，侍卫拿蜡烛照明时不全神贯注，把统帅的头发烧了，本身就是失职，韩琦责备一句也是应该的，即使不责备，挨烧时"哎呀"一声也难免。可他不但忍着疼没吱声，还怕侍卫受到鞭打责罚，极力替其开脱。

　　他以容忍之心妥善地对待世间的人和事，既尊重自己，又能迎得别人的尊敬。

　　中国传统美德讲恕道，讲究"推己及人"，今天我们讲，待人能宽容，能原谅人也是一种美德。原谅人是一种不拘小节的潇洒，一种伟大的仁慈，给人带来的是那种崇高美感，是一种千金难买的精神享受。

　　在为人处世过程中必须注意：

　　1. 得饶人处且饶人是一种心态。

　　宽恕是力量和自信的标志，是事业的得力助手，更是提升人生境界的一种良好心态。对人宽恕，你将赢得他人的尊重，成就美好的事业。

　　2. 得饶人处且饶人是一种生存的智慧和生活艺术。

　　得饶人处且饶人是看透了社会人生以后所获得的那份从容、自信和超然，是为自己赢得荣誉，也是省去麻烦，更是留条后路的常用做法。

3. 批评应该对事不对人

人都是有缺点的，人不可能不犯错误，批评别人要做到对事不对人。一方面是因为我们批评别人，往往是因为对方的某些行为，刺激了我们的情绪，从而产生宣泄攻击心理；另一方面是人被批评之后，首先被刺中的是自尊心，接着情绪发生波动，立即产生防卫心理，这种状态之下，人会本能地排斥对方，有碍于人际交往。

何为"对事不对人"？就是只谈论事情本身，包括事情的起因、经过、事情的结果、事情的评价。

"对事不对人"的精髓在于注重成果、尊重规则，它要求批评者把有限的精力聚焦在事情和结果上，不谈论当事人的能力与个性。对事不对人是处世时应有的一种姿态，也是处理紧张人际关系的一种技巧。

日本著名管理学家大前研一曾说："能做到对事不对人，就不会在乎自己的立场。因为事实出现之后，你就会忠于事实，坦然接受这个事实。不能忠于事实，不但无法洞悉问题的本质，也不可能走完找到正确解决方案的过程。"所以，批评人应尽量准确、具体，对方哪件事做错了，就批评哪件事，不能因为他某件事做错了，就论及这个人如何不好，以一件事来论及整个人，把他说得一无是处。

那么，年轻人如何才能做到批评别人时对事不对人？

1. 先对事，后对人或者多对事，少对人。

当别人直接批评你的时候，并不是批评你这个人本身，他可能只是批评你的某一件事情；同样，当你批评别人的时候，你也可能只

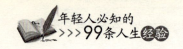

是批评别人值得骄傲的东西或者你忌妒的东西，而不是他本人。

"对事不对人"人们追求的是，批评别人的时候，只针对事情，错或对，一目了然。如一个领导面对下属做错事情时，应该这样说："你完成了这项工作，其实应该这样做，或许会好一些，以后你多往这方面努力就好了。"领导以这种说话方式，指出了事情本该是这样做，而不是说别人做的不好，然后间接地提出应稍加改正。

2. 对事无情，对人要有情。

俗话说："人怕打脸，树怕剥皮。"人的脸皮最重要。批评别人时要留面子，充分地考虑别人的想法，内心，倾向，愿望，而不能不管不顾，一门心思只顺着自己，要不后果就难以预料了。

3. 对有争议的事不存偏见。

人是人，事是事。讨论而不争吵，意见不同归不同，朋友还是朋友。如公司小陈和小赵在一些有关产品设计的问题上，彼此意见产生了分歧，小陈觉得该把产品的标签放在文字下面比较好，而小赵觉得放在上面比较好。他们在讨论会上争得不可开交。但是，两人都很尊重各自的想法，私底下两人还是最好的朋友。

法国思想家伏尔泰有这样一句话："我虽然不同意你说的每一个字，但我誓死捍卫你说话的权利。"这句话道出了批评要对事不对人的真谛。对事不对人是解决问题的中庸之道，是和平解决问题的不二法门。

4. 自我批评总能让人信服

《左传》有言："知错能改，善莫大焉。"犯了错误后只要能够认识并改正错误，就能从中获得利益。可惜的是，明明知道自己错了，却不肯改过而找借口推诿的年轻人，实在多得不可胜数。

人的伟大，并不在于他的毫无过失，毕竟犯错是不可避免的，而一位真正有品德的人，是能够勇敢承认错误，并且努力加以改正的。

无论是谁我们都有犯错的时候，我们也是在不断地犯错、不断地改错中成长、完善自我的。做错了并不可耻，可耻的是明知故犯或将错就错，找来更多的理由辩解，自欺欺人。

作家西塞鲁说："任何人都可能有错，只有傻子才会继续它。"犯错没有什么好丢脸的，只要知错能改，一定可以洗心革面，带给自己更大的成就，除非你愿意当个傻子一辈子让人瞧不起。智者不以无过为喜，人之大德在于改过，做一新人。

战国时赵国有廉颇、蔺相如两位名将。

渑池会结束以后，赵王很看重蔺相如，引起了大将军廉颇的忌妒。廉颇很不服气，一直想给蔺相如难堪，但蔺相如都忍让着。

下人很不解，问蔺相如："您的地位比廉将军高，为什么要让着他？"蔺相如心平气和地问他们："廉将军跟秦王相比，哪一个厉害呢？"

大伙儿回答说："那当然是秦王厉害。"蔺相如说："对！我连秦王都不怕，难道还怕廉将军吗？"他接着说："因为我们团结，所以秦国不敢打我们，如果我们内部不团结，赵国就危险了。"

这番话传到了廉颇的耳朵里，廉颇非常惭愧。他袒露上身，背着荆条，亲自到蔺相如家去认错。

二人终于相互交欢和好，一文一武，同心协力为国家办事。

人非圣贤，孰能无过？每个人的成长都会面对一些错误，一位真正有品德的人，是能够勇敢承认错误，并且努力加以改正的。

自我批评是自我反思、自我归罪、自我总结和自我提升的过程。人无完人，孰能无过？所以，犯错误在所难免，也不可怕；可怕的是，我们不知道自己犯了错误，知道后不思悔改甚至一味地加以掩饰。犯了错误就要努力地去改正错误，我们自己应该正视而不是回避，应该改正而不是放任。这是避免犯同类错误的根本途径；也是完善自身，净化灵魂，提高修养的有效途径。

无论犯了什么错误，年轻人都应该及时、诚恳地承认它，做好自我批评，这样他更容易赢得别人的理解甚至尊重。

怎样开展自我批评：

1. 学会思考。

回忆自己今天都做了哪些事情、哪些是应该的、哪些是不应该的、自身还存在哪些缺点和不足，努力在第二天做得更好。

2. 学会心理换位。

与他人产生了矛盾之后，应多从自身找毛病，多自我批评；同时及时找到对方主动道歉，和好如初。

3. 懂得客观评价自己。

在开展自我批评的时候，要客观地评价自己，既不放过缺点，也要肯定优点，正确地评价自己。

5. 与人为善，以德服人

一个人怎么才能服众呢？说到底要靠与人为善，以德服人。

孟子云："力服人者，非心服也，力不赡也。以德服人者，中心悦诚服也。"德，就是有好的品行。有德，便是一种坦荡，可以无私无畏，无拘无束，无尘无染。有德，便是一种豁达，是比海洋和天空更为博大的胸襟，是宽广和宽厚的叠加，延续着，升华着……

与人为善，以德服人，这是处世的基本法则。让我们回望历史，凡成大事、立伟业者都是有德之人，因为有德，才让人信服。楚大夫屈原沉吟泽畔，九死不悔；魏武帝扬鞭东指，壮心不已。纵然被人肆意诬蔑，也不随波逐流；纵然马革裹尸，魂归狼烟，也只是豪壮地仰天长啸；纵然一身清苦，终日难饱，也愿怡然自乐，躬耕陇亩。因为有德，帝王将相成其盖世伟业，贤士迁客成其千古文章，这一切的一切，又怎能不让后人所信服呢？

与人为善，以德服人。我们首先要做的就是自己要做一个好人，一个善良的人，"害人之心不可有，防人之心不可无"。然后要心态平和，关键是要有容人之量。

战国时期，梁国与楚国相邻。

两国在边境兵营都种瓜，各有各的方法。梁国的士兵比较勤劳努力，经常浇灌他们的瓜田，所以瓜长得很好。楚国士兵因为懒惰很少去浇灌他们的瓜，所以瓜长得不好。

楚国士兵心里嫉恨梁国瓜种得比自己好，于是夜晚偷偷去破坏他们的瓜。梁国士兵发现了这件事，于是想偷偷前去报复破坏楚营

的瓜田。

县尉说："唉！这怎么行呢？结下的仇怨，是惹祸的根苗呀。人家使坏你也跟着使坏，怎么心胸狭小得这样厉害！要让我教给你办法，一定在每晚都派人过去，偷偷地为楚国兵营在夜里好好地浇灌他们的瓜园，不要让他们知道。"

于是梁国士兵就在每天夜间偷偷地去浇灌楚兵的瓜园。楚国士兵早晨去瓜园巡视，就发现都已经浇过水了，瓜也一天比一天长得好了。楚国士兵感到奇怪，就仔细查看，才知道是梁国士兵干的。楚国县令听说这件事很高兴，于是详细地把这件事报告给楚王，楚王听了之后，又忧愁又惭愧，并请求与梁王结交。

以德服人，是一种修养。生活中，既有平和又有摩擦。有时可以和谐得像一汪静如镜面的深泉，可有时却也如洪水突然奔涌而下。而要解决这样的碰撞必不能以力服人。若是这样，岂不是效仿了鲧的"水来土掩"的策略？非但没有成效，还白白浪费了精力。何不像禹一样，以"疏"为主。

古人云："小胜智，大胜靠德。"德即道德、德行。德是一种觉悟，一种境界，一种力量，是一种震慑邪恶、净化环境、提纯思想的动力，德能使自己内功强劲，形象高大，威众示范，无往而不胜。

曹操虽然生性多疑，野心很大，但在军队中却留下了美名。

一次麦熟时节，曹操率领大军去打仗，沿途的老百姓因为害怕士兵，都躲到村外，没有一个敢回家收割小麦的。曹操得知后，立即派人挨家挨户告诉老百姓和各处看守边境的官吏：现在正是麦熟的时候，士兵如有践踏麦田的，立即斩首示众。曹操的官兵在经过麦田时，都下马用手扶着麦秆，小心地过，没一个敢践踏麦子的。

老百姓看见了没有不称颂的。可这时，飞起一只鸟惊吓了曹操的马，马一下子踏入麦田，踏坏了一大片麦子。

128

曹操要求治自己践踏麦田的罪行，官员说："我怎么能给丞相治罪呢？"曹操说："我亲口说的话都不遵守，还会有谁心甘情愿地遵守呢？一个不守信用的人，怎么能统领成千上万的士兵呢？"随即拔剑要自刎，众人连忙拦住。后来曹操传令三军：丞相践踏麦田，本该斩首示众。因为肩负重任，所以割掉自己的头发替罪。

曹操断发守军纪的故事一时传为美谈。

"与人为善，以德服人"是做人的根本。那么，对于年轻人如何才能做到与人为善，以德服人呢？

1. 以理解、尊重为基础。

人与人之间的相互理解，往往是形成共识的基础。

2. 以身服人。

身教胜过言传。以德服人，不仅仅只在头脑中认可，还要付诸行动。一个人除了发自内心的理解、尊重外，更应用自己的切身行动服人、正人、赢得人心。自己必须做到：要他人不做的，自己率先不做，以实际行动去影响人、激励人。

6. 为人处世应互相忍让

生活中常见到年轻人与同事之间、朋友之间，为了一点芝麻大的小事，引起争端，拳脚交加，最后两败俱伤。旁观者都会为之惋惜，认为这样做太不值得。其实，只要当事人冷静下来，以宽广的胸怀，无私的心灵去容纳人、感化人，再大的事也会化干戈为玉帛。

古语有云"百忍成金"，孔子也曾说"小不忍则乱大谋"，足见忍让对于我们自身来说是多么重要。人与人相处，需相互忍让，这是为

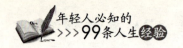

人处世的一种必备心态。

当一个人受到戏弄、打击、污辱时，就会怒火中烧。暴躁易怒的人，动辄发火、伤身、害人、损物。但智者学会忍让，小忍可以避免争端，大忍可以大事化小，并且可以修身养性。

清朝康熙年间，桐城人张廷玉次子张英官至文华殿大学士兼礼部尚书。邻居是桐城另一大户叶府，主人是与张英同朝供职的叶侍郎，两家因院墙发生纠纷。

张老夫人修书送张英。

张英见信深感忧虑，回复老夫人："千里家书只为墙，让人三尺又何妨？万里长城今犹在，不见当年秦始皇。"

于是，张老夫人令家丁后退三尺筑墙。

叶府很受感动，命家人也把院墙后移三尺。这样，两家之间就形成了一个六尺宽的巷子。从此，张、叶两府消除隔阂，成通家之谊。"六尺巷"也成为千古佳话。

由此看来，忍让是一种境界，也是一种智慧，它可以使人与人之间友好相处，和谐发展；忍让，是大智大勇的表现，它不计较一时的高低，眼前的得失，而是胸怀全局，着眼未来；忍让，是一种修养，它面对荣辱毁誉，不惊不喜，心静如水。

没有忍让，就没有平静；没有忍让，就没有和谐；没有忍让，就不存在友谊；没有忍让，就谈不上远大的理想。

以前，有一个商人与一个农夫同时过一座独木桥。

两人在一起，商人想到东面去，农夫想到西面去，两个人谁也没有让谁。

商人想：一个农夫，派头倒真大，敢不让富人。农夫也是这样想：你不就比我有钱点，有什么了不起的，你不让我也不让。

直到下午，两个人都因体力不支而掉入河中。

为一己私利，而互不相让，往往是两败俱伤。

和谐社会需要忍让，生活处世需要忍让，与人交往需要忍让。因此学会忍让便可以让人们在人生的道路上，少走一些弯路，不只是方便自己，也方便了别人。

忍让可浇灭心头的怒火，忍让可消融冰封的江河。有了忍让，天空就一片晴朗；有了忍让，道路就无比宽广。年轻人，奔走在奋斗的道路上，一定要学会忍让。

好的人际关系对人们的心情愉快、事业成功无疑有着重要的作用。而在人际交往过程中，难免会发生一些摩擦，这时要处理好人际关系，解决好这些问题，就要靠两个字：忍让。

1. 在和别人交往时，努力做到宽容大度。

君子坦荡，胸怀宽阔，能容人之过，不记人之仇。在和别人交往时，要有"宰相肚里能撑船"的容人肚量，遭到别人的非议或者触犯自己的尊严或利益时，不计较个人恩怨，以宽广的心胸去待人处世。

2. 站在别人的角度思考问题。

耐心聆听，试着转变另一种角色，设想你是对方，考虑到对方的处境，设身处地为他人着想，当你理解了别人，就自然而然地学会了忍让。

3. 忍无可忍，无须再忍。

当然，不能把忍让当成解决一切问题的良方。当你遭到别人误解甚或诽谤的时候，如果不是大是大非原则性问题，那就该忍则忍，该让则让。每个人都有自己的原则与底线，当无法忍受时，应毫不客气地还击。

7. 不要过分苛求别人

认真的态度是每个人都需要的，不管是在工作中还是生活中。工作因为认真而变得出色，生活因为认真而变得精致。我们鼓励认真的态度，是为了让自己的人生变得幸福和充实。

然而，生活中有些人却往往认真得近乎偏执，不管做什么事都追求完美，不容许自己有一点点失误，不允许生活有一点点瑕疵，结果常常因为对自己太过苛求而搞得身心疲惫不堪。

有这样一个故事：

有位渔夫从海里捞到一颗晶莹剔透的大珍珠，爱不释手。但美中不足的是珍珠的上面有个小黑点，"美珠有瑕"。

渔夫想，如果能将小黑点去掉，珍珠将变成无价之宝。可是渔夫剥掉一层，黑点仍在；再剥一层，黑点还在；一层层地剥到最后，黑点是没有了，珍珠也不复存在了。

生活中无时无刻不在上演一幕又一幕的过分苛求别人的场景，对自己来说，无疑是一种折磨。

俗话说："金无足赤，人无完人。"有黑点的珍珠不过是白璧微瑕，正是其浑然天成、不着痕迹的可贵之处。美在自然，美在朴实，美得真切。而渔夫想得到的是美的极致，在他消除了所谓的不足时，美也消失在他追求过于完美的过程中了。

在现实生活中，对人、对事都不宜过于苛求。否则，最终会让自己成为孤独的人，生活在孤寂和焦灼之中。生活的目的在于发现美、创造美、享受美，而不善于发掘它的闪光点和长处，就难以找到真正的美。

从前，有一个人拥有一张由黑檀木制成的好弓。他用这张弓射箭射得又远又准，因此非常爱惜它。

有一次，他仔细观察这张弓时，说道："你稍微有些笨重，外观毫不出色，真可惜！不过这是可以补救的，我去请最优秀的艺术家在弓上雕一些图画好了。"于是他请艺术家在弓上雕了一幅完整的行猎图。

"还有什么比一幅行猎图更适合这张弓的呢！"这个人充满了喜悦，"你正应配有这种装饰，我亲爱的弓！"一面说着，他拉紧了弓，想露一手，弓却断了。

世界上根本没有完美的事物，造物主在造物时给每一样东西都留下了缺陷，不然今天的世界怎会呈现这般的生动景象。人人都有缺点，如果你想找一个十分完美的人做朋友，恐怕等到头发白了也没有希望。

其实，在生活中，人们是注定要与"缺陷"相伴而与"完美"相去甚远的。对于我们的朋友，由于每个人的性格中，都有某些无法让人接受的部分，因此，我们与其苛求他人为善，不如反求之与人和睦相处。

1. 承认事物的差异性。

圆物不稳，但滚动自如。方物平稳，但移动困难。事物各有所长，自然也各有所短。每个人都有优缺点的，既要认同他的优点，也要接受他的不足。

2. 求同存异。

人与人存在年龄，性格，家庭和教育背景等各种差异。我们在与人相处过程中是认同别人的某一点优势才选择作为自己的朋友的，而不是要求别人兴趣、爱好等与自己一样。

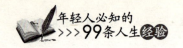
8. 懂得为别人的成功喝彩

　　常见这样的人：自己有了成绩，有了荣誉，就欢呼雀跃，神采飞扬；别人有了成绩，有了进步，却往往视而不见，充耳不闻，甚至冷嘲热讽、挖苦、忌妒，很少真正从心底里为别人喝彩。

　　每一个人成功的背后都有一条坎坷的路。无论自己成败与否，当看着别人满头大汗地捧着一堆硕果时，我们需要以一种喜悦的心情，为别人的成功举杯，更要把别人的每一次成功当作自己进步的垫脚石，当作自己前进道路上的指路明灯。这样，在奋斗的过程中，我们有了目标，有了动力，有了向成功迈进的希望。这是智者的表现。

　　年轻人不要吝啬你的喝彩声，为每一位上台唱歌的人鼓掌、喝彩。为别人喝彩是一种智慧，因为你在欣赏别人的时候，也在不断提升和完善自我；为别人喝彩是一种美德，你付出了赞美，这非但不会损伤你的自尊，相反还将收获友谊与合作；为别人喝彩是一种人格修养，赞赏别人的过程，其实也是自己矫正狭隘自私和忌妒心理，从而培养大家风范的过程。

　　周瑜虽年轻挂帅，意气风发，却因诸葛亮的精彩表现而自惭，责怪上天"既生瑜何生亮"，终因气量狭小而自夭；庞涓贵为魏国大元帅，屡立奇功，却因妒孙膑之才，设下阴谋诡计以膑刑加害于他。孙膑任齐国军师后，所向无敌的庞涓终于落得个兵败身亡的下场。

　　聪明的人知道，为别人喝彩，也是在给自己的生命加油。

　　有一位刚毕业的大学生到一家非常知名的广告公司应聘。几名应聘者为了一个岗位展开激烈的角逐。

经过三轮应试，只剩下包括这位大学生在内的三人进入最后的"自我演讲"阶段。演讲中，三个人的发挥都很出色。

最后，还是这位青年应聘成功了。可使他胜出的原因却令人难以想象：他在听到每一位竞争对手演讲至精彩之处时，情不自禁地为其鼓掌喝彩。这一无意间的举动，被担任主考官的公司老总认为是善于欣赏和汲取别人的优点、富有团队精神的体现。

演讲结束后，评委和企业代表一致决定把聘书发给了这位刚刚毕业的大学生。

大学生为他人喝彩，无形中为自己赢得了"附加分"，增加了制胜的砝码。乐为他人喝彩，不是刻意的抬高、曲意的奉迎，而是真心的钦佩、真挚的祝愿。抱着这样的思维与行为方式处世，就容易博得他人的好感，使我们在前进的征途上走得更快、更稳。

曾经有一度，微软公司面对对手的竞争，有着巨大的压力，甚至快要受到市场的冷漠，然而，就在这个紧要时刻，比尔·盖茨还在媒体面前高调地赞扬对手说："我为对方取得的成绩而感惊讶，并祝贺他们！"

事后，有人询问比尔·盖茨为什么要对别人喝彩时，他说："为别人喝彩，尤其是自己的竞争对手。我之所以这样做，是因为，我看到了别人身上的优点和背后付出的努力，还有，同时我也认识到了自己的不足。"

听了此番话后，有人评论说："比尔·盖茨，真的是位智者！"

可在生活中，一些人却似乎不太懂得为他人的幸运祝福，为他人的成功叫好，为他人的精彩喝彩，而是被猜疑、忌妒的情绪占据了心灵空间，变得气量狭窄、冷漠、自私乃至心理阴暗，结果既伤害了别人，也葬送了自己。

人生的旅途崎岖险阻，每个人都会经历苦痛磨难、失望沮丧。最坚强的人也需要别人的安慰和鼓励。"人"字就是互相的支持。在为别人的喝彩声中，融入了你的希望，你的祝福，你的温情。它们，好像熊熊的烈火，温暖了逐渐冰冷的心，激励起业已疲倦的斗志，点燃了奋勇向前的火把。

鱼儿会为河水的奔流不息而喝彩；鸟儿会为明媚的春天而喝彩；小草会为阳光而喝彩；大树会为微风喝彩。年轻人，背起装满喝彩的行囊，在真诚情谊的陪伴下一同上路，不断完善自我，完善人格，用精彩的表现在人生的舞台上尽现真我风采。

怎样才能做到为他人喝彩呢？

1. 扩展自己的胸襟，做到海纳百川。

为他人喝彩所展现的是一种胸襟，一种气度。只有胸襟开阔、气度恢宏的人，才能海纳百川。

2. 需要磨砺自己的品格。

为他人喝彩。对于自己是一种人格的自我磨砺。从看不起别人，忌妒别人到欣赏别人，为别人喝彩，恰恰是一段提升自我、完善自我的历程。

9. 不要把别人的好，视为理所当然

人生道路荆棘遍布，充满着艰辛。在危困时刻，有人向你伸出温暖的双手，解除生活的困顿；有人为你指点迷津，让你明确前进的方向；甚至有人用肩膀、身躯把你擎起来，让你攀上人生的高峰……你最终战胜了苦难，扬帆远航，驶向光明幸福的彼岸。那么，你能不心存感激吗？你能不思回报吗？

衔环结草，以报恩德。年轻人不要把别人对你的好，视为理所当然，应将"感恩"之心铭记在心。

感恩是一种处世哲学，是生活中的大智慧。年轻人前进的道路不可能一帆风顺，一句关爱，你便从此不再孤单；一句关爱，你也懂得知恩图报。

滴水之恩应当涌泉相报，这是为人处世的原则。对待搀扶你的人，在接受帮助的同时要学会用加倍的关爱去回报。

感恩是一种生活态度，是一个人不可磨灭的良知。如果人与人之间缺乏感恩之心，必然会导致人际关系的冷淡。对于别人的恩泽，唯有用纯真的心灵去感动、去铭刻、去永记，才能真正对得起给你恩惠的人。

淮阴侯韩信为布衣时，贫而无行。他虽用功习武，却无用武之地。迫不得已，他只好到从人寄食，但人多厌之。

韩信咽不下这口气，就来到淮水边靠在河边钓鱼为生，经常因为钓不到鱼而要饿肚子。

有一日，一个漂洗丝絮的老大娘见他可怜，便把自己的饭分一半给他吃。以后天天如此，从未间断，韩信发誓要报答漂母之恩，对漂母说："吾必有以重报母。"

漂母非常生气地说："大丈夫不能自己维持生活，我是可怜你才给你饭吃的，哪里指望回报！"

韩信后来成为淮阴侯，漂母分食之恩始终没忘，派人四处寻找，最后以千金酬谢。

投之以桃，报之以李。诠释着命运的方略，洋溢着生命的气息。正因为有人施恩，有人报恩，我们的生存空间才鸟语花香，饶有情趣。

感恩是每个人应有的基本道德准则，是做人的起码修养。年轻人，怀一颗感恩的心，去看待你周围所有的人。感恩鼓励你的人，是他们让你信心十足；感恩授予你知识的人，是他们照亮了你前进的道路；感恩帮助你的人，是他们给了你再生的希望。

感恩之心，既能幸福他人，也会快乐自己。心中充满感恩之情，才会想到回报，才会想到奉献。学会感恩，是为了回报他人而付出的点滴行动；学会感恩，是为了用道德的甘露滋润心灵。

有两个人在炙热的沙漠中行走，正在他们口渴难耐时，碰见一个赶骆驼过路的老人。看着他们可怜，老人给了他们每人一小碗水，一个人接过这小碗水，愤怒地指责老人过于吝啬，抱怨之下竟将半碗水泼掉了；另一个人接过这小碗水，他深知这一点水虽不能解除身体饥渴，但他却油然而生一种发自心底的感恩，并且怀着这份感恩之情，喝下了这小碗水。结果，前者因失去这小碗水而渴死在沙漠之中，后者因为喝了这小碗水，终于走出了沙漠。

感恩之情是滋润生命的营养素。对生活常怀感恩之情的人，心态是平和的，即使遇上再大的灾难，也能熬过去，而那些常常抱怨生活的人，就如同将小碗水扔掉的那个人一样，他们总是身在福中不知福。

生活中年轻人经常会得到他人的帮助，得到他人帮助之后，你必须表示一下感谢，这是做人的基本素质。那么如何感谢呢？这也是有点讲究的：

1. 及时、主动以示真诚。

尽管许多人帮助他人，并不指望着得到回报，但对于受帮助的人来说，一定要及时而主动地表示真诚的感谢。

2. 选择恰当的途径和方法。

感谢他人的途径和方法是多种多样的，不能一概而论，要因人而异。要根据帮助者的身份、职业、性格、文化程度及经济状况等具体情况来选择最恰当的感谢形式。

3. 适度，合理。

和做其他事情一样，感谢别人也要掌握分寸，力求适度，过分和不足都有所不妥。过分，或许会让人难以接受，甚至产生怀疑；不足，又会让人觉得不尊重对方的劳动。

10. 信守承诺

昆德拉在《生命不能承受之轻》中说："所谓人生，即是周而复始的诚实、友好、信任的给予与被给予。"不错，承诺是金，但它比金子更宝贵；承诺是歌，但它比歌声更悦耳；承诺是诗，但它比诗更动情。诚信是一笔宝贵的财富，拒绝诚信的人生绝不会是一个出色的人生。

从前，济阴有个商人。有次他乘船过河时，因船触石翻落而跌入水中。他抓住桅杆大声呼救。

附近的一个渔夫闻声而至。商人急忙喊："我是济阴最大的富商，你若能救我，给你200两黄金。"

于是，渔夫放下了手中的活儿，跳入冰凉的水中，救起商人。

待被救上岸后，商人却翻脸不认账了。他只给了渔夫20两黄金。

渔夫责怪他不守信，出尔反尔。

商人说："你一个打鱼的，这么多你已经够用了。"

渔夫无奈，摇了摇头，便离去了。

过了不久，商人过河去做买卖，不料又一次在原地翻船了。于是

他大呼求救。

而上一次救了他的渔夫恰巧也在跟前，他一点反应也没有。

商人向他大喊："你若救了我，给你500两黄金。"

因为上次他失信于渔夫，渔夫再也不救他了。

最终，商人被河水冲走了。

因为失信于人，所以，一旦处于困境，便没有人再愿意出手相救，只有坐以待毙。

信守承诺，就如同握住一束馨香的花朵，让他人快乐、使自己陶醉；虚掷承诺，信用就像玻璃一样脆弱，坏了将无法修复。

马尔克斯在《百年孤独》中，这样写道："守信是一项财宝，不应该随意虚掷。"信守承诺是诚实守信的体现，是每个人都应该遵守的行为和生活准则，是支撑人性的基石，是人类的美德。

生命因为承诺而凝重而美丽。信守承诺、兑现承诺是人的美德。孔子言："民无信不立。"孟子曰："言而有信，人无信而不交。"信用是一种承诺，是一诺千金，"一言既出，驷马难追"，人生在世，贵在守信。

秦朝末年，政治十分黑暗，老百姓的生活非常痛苦，还要负担沉重的官差、徭役。

在楚地有一个叫季布的人，心中仰慕古代的游侠，立志当一个"除恶济贫"的人。他从小练就了一身好武艺，决心做一个说话讲信用、行动讲效果、答应别人的事一定要做到、帮助别人不惜牺牲自己的人。长大后，他成了身材魁梧，武艺精良，说一不二的青年，很受大家器重。为了躲避差役，季布干脆离家出走，沿着长江四处流浪，他沿途帮助穷苦人民，主持正义，凡是他答应过的事情他一定做到，在长江中游一带很有名声。

由于他说话算数，信誉非常高，许多人都同他建立起了浓厚的友情。

老百姓都说："得黄金百斤，不如得季布一诺。"

后来，他得罪了汉高祖刘邦，被悬赏捉拿。结果他的旧日的朋友不仅不被重金所惑，而且冒着灭九族的危险来保护他，终使他免遭祸殃。

一个信守承诺的人，自然得道多助，能获得大家的尊重和友谊，无疑给自己的人生增加了砝码，就如同季布一样，信守承诺，为得到没人帮助增加了一次机会。

古语有云"人无信不立"。守信是人生的立足点。言必行，行必果，说到做到，此是君子也。

信守承诺，不是一句空话，一纸空文，而是信守人生的一盏明灯，是信守心中的一座圣殿。年轻人要记住："诺言是要用行动来兑现的支票。"信守承诺，将灵魂袒露于天地之间，为自己交上一份满意的答卷。

信守承诺，能让你的生命焕发无尽的光彩。只有信守承诺的人，别人才会愿意与他合作。虚掷承诺，就如同将自己的人生抛向大海，孤立无援，坐以待毙。

在漫漫人生路上，守信最美、最宝贵。它不仅仅是一种做事的态度，更可以透视出一个人的人格魅力。能做到信守承诺是很不容易的，在为人处世中，必须坚持两个原则：

1. 量力而行。

不要轻易向别人许下诺言，结合自己的实际，量力而行，否则只增徒劳。

2. 说到做到。

信守承诺也就是忠实地遵守已经答应、允许的诺言。既然承诺了，就要说到做到。

第六章

年轻人，开口讲话要讲究艺术

　　世上有三样东西一出不返："离弦之箭，出口之言，逝去的良机。"古人语："言入人耳，有力难拔。"生活中有人因一句话救人，也有因一句话害人。人人都能说话，但是能说不等于会说，会说话的人，一句话说的人笑，不会说话的人，一句话会让人疯，还有的人是"茶壶里煮饺子，有话倒不出来"。不过，好在会说话不仅仅全靠天分、全靠遗传，任何人都可以"先天不足后天补"。

　　说话讲究技巧。生活、工作、学习中会说话的人好办事。好好学学说话的技巧，不仅人际关系会变得很好，事业方面也会一帆风顺，成功随之而来。

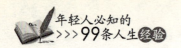

1. 三分说七分听

三分说七分听，实则就是教人学会去聆听，做一个真诚的倾听者。聆听是取人之长，补己之短的良方；聆听是沟通双方，尊重对方的桥梁；聆听是抛弃错误，远离懊悔的法宝。聆听，它是沉默后绽放的声响，它是穿透生命散发的芬芳，它是人类纯净的天籁，在停顿中闪烁着它美妙的音符。

如今，对一个从无忧无虑的大学生转变成职场新人来说，大多数年轻人都想让别人认为他们是聪明的、机智的和精明的。然而，他们总是费尽口舌想为自己制造一个"聪明"的人，常常是聪明反被聪明误。

苏格拉底说："自然赋予我们人类一张嘴，两只耳朵，也就是让我们多听少说。"他道出了一个真理：多听少说，是对人的尊重，也是对自己的爱护。

因此，在日常交往中，做一个真诚的倾听者，不失为为人处世的一个技巧。

曾经有个外藩的使者到中原来，为了表示自己国家的诚意，使者进贡了三个一模一样的金人，这把皇帝高兴坏了。

可是这使者并没有就此罢休，同时问了皇上一个问题："这三个金人哪个最有价值？"

皇帝想了许多办法，请来珠宝匠检查，称重量，看做工，都是一模一样的，无法知道哪个最有价值，怎么办呢？使者还等着回去汇报呢。泱泱大国，不会连这个小事都不懂吧？皇帝十分着急。

最后，有一位老大臣说他有办法。

于是，皇帝叫来大臣，让他来解答。

皇帝将使者请到大殿，老臣胸有成竹地拿着三根稻草，插入第一个金人的耳朵里，这稻草从另一边耳朵出来了。第二个金人的稻草从嘴巴里直接掉出来，而第三个金人，稻草进去后掉进了肚子，什么响动也没有。

老臣说："有答案了，第三个金人最有价值！"

使者默默无语，对这位大臣竖起了大拇指。

这个故事告诉我们，最有价值的人，不一定是最能说的人。第三个金人，稻草进去后掉进了肚子，什么响动也没有。证明这个金人善于倾听他人的话语，不会像前两个金人那样听了之后会"左耳进，右耳出"或是将内容泄露于其他人。

善于倾听，是人成熟的最基本素养。懂得倾听，才会使你变得最有价值。

智慧的人不会因自己的智慧夸口，勇士不会因自己的勇力夸口。因为，夸口不会获得尊重，只会丧失信用，越是当你滔滔不绝的时候，你的愚蠢越会暴露无遗。

因此，为人处世要学会聆听。听智者之言可以启迪智慧，听批评之言可以反躬自省。

在职场中，尤其是年轻人，要学会倾听，少说多听。在这里，我们所说的少说多听，既不同于内向，更不同于城府，而是一种成熟、稳重与深沉。少说，并不等于不说，而是让我们说该说的话，恰如其分地说话，绝不可胡说、乱说。说就要说到点子上，而且要言不烦。多听当然不是什么都听，还须善听，多辨识，取其精华去其糟粕。

许多企业家的成功经验告诉我们：他们的诀窍就是鼓励别人多说，同时设法闭住自己的嘴。谈得过多会暴露你自己，相反，如果你

把全部的注意力都集中在对方身上，你就知道他在想什么，他想要做什么。

倾听，用双耳引来活水，洗濯我们的心灵；倾听，带我们走进心灵的净土，思想的天空，使心灵得到快乐。

年轻人，怀着深深的谦虚和忍耐，做一个真诚的倾听者，以一颗充满柔情的爱心，张开你们的耳朵，满怀信心和期待迎接那些生命之音！

怎样去做一个真诚的倾听者呢？

1. 看着对方的眼睛。

注视对方，沉浸在对方的语感中，这样表示出你对对方所说的话非常感兴趣，这也会帮助你集中精力听对方所说的话。

2. 要做出相应的反应。

在倾听对方叙述的过程中，适当地做出反应，不要一味只听不出声。如在关键的地方，提出合适的问题，这表明你对对方的重视；当对方说的兴起时，以点头等姿势告诉他你听进去了；当对方表达完时，要给予几个精辟的词来总结，人家会明白你是认真倾听了。在倾听过程中，合适的表情也是非常重要的，如他悲伤，你就做出怜悯的表情；他快乐，你就做出两眼放光似的表情。

3. 不要打断对方。

你必须真的倾听，不要盘算着如何应答，不要打断对方的意图，改变他说话的主旨。

4. 朝着讲话的人倾斜你的身体。

这种身体的语言，在暗示对方，自己对他的讲话很感兴趣，会给对方留下一个比较好的印象。

2. 不要光说不练

克雷洛夫说过："现实是此岸，理想是彼岸，中间隔着湍急的河流，行动则是架在河上的桥梁。"想要抵达理想的彼岸，实际行动才能绽开美丽的花朵。纵观世界，大凡有成就者，无一不是脚踏实地，用行动取得了自己辉煌的成就。而那些只说不做的空谈家，却湮没在历史的风沙中，早已被人遗忘。

人们常说："空谈不如实干""行动胜于空谈"。司马迁忍辱默默地耕耘，终为人类留下了一笔瑰宝，历史记住了他；邓小平在思想中赋予行动，被誉为改革开放设计师……他们都用行动实现了自己的梦想，收获了成功的果实。列宁说："一打口号，不如一个行动。"年轻人，多点实干、少些空谈；多点务实、少些虚夸；多点扎实、少些口号，最终才能取得成功，才能感受到生命中的天蓝草碧，云淡风轻！

一座荒芜了的花园里，美丽的池子干得见底了。美丽的花木枯萎尽了，荷叶变得焦黄，喜鹊也没了踪影。除了蟋蟀在草丛中悲鸣，只有那岩石中的杂草胡乱生长着。

有一天，有几个人来到花园中玩耍。

他们看见这座美丽的花园出现这样的凄凉情况，个个脸上都显出追慕惋惜的神色，大家都下定决心一定要把它整理好。于是，他们商量怎样改造这座荒芜的花园。

游人 A 说："应该先把乱石中的杂草除掉，然后才能把花木栽下。"

游人 B 说："不然。应该先把花木运来，然后去铲除杂草，因为这样比较快一点。"

游人 C 说："我同意 A 君的话，杂草如果不先除去，佳木好花是绝不能栽种的。"

其余的人说："不然。你的话错了。我赞成 B 君的意见。因为……"

他们各举了许多理由，互相辩论着，还引了许多例子来证明他们的话，由早餐的时候一直辩论到正午，家家炊烟起了，还没有停止；甚至于因为意见不合，他们互相谩骂……而且扭打了。

而游人 D 看到了美丽的花园变得如此凄凉，不禁流下了泪水，于是，拿出来随身携带的笔和纸，写出了几个方案，然后选出了一个好操作的方案，从附近人家借来了工具，慢慢地整理了起来，不一会儿，花园又渐渐地恢复了原来的样子。

花园荒芜，大家都想修整。除了游人 D 以外，个个都争得面红耳赤，没有一个真正地去实践，争辩到了正午，花园依然荒芜。而 D 脚踏实地地干，已经芳草萋萋，鲜花满园。

牛、羊、马、兔、狗，它们都憎恨狼。狼凶残，使它们的生活不得安宁，并时时威胁着它们的生命安全。

深受狼侵害的它们天天聚集在一块，开会讨论研究如何设法去对付这一公敌。会上他们个个慷慨激昂，讨论十分热烈。讨论会开了 99 天，研究制定出 99 个除狼公害的可行方案。

可惜，就在它们讨论研究的 99 天的日子里，它们之中又因狼害少了 9 只兔，7 只羊，3 头小牛，1 匹老马。因为，它们你推我，我推他，始终没能找到去执行除狼害方案的合适人选。

工作中，只有付诸行动，理想的风帆才能驶向成功的彼岸，成功的鲜花才会绽放。反之，空谈是架构空中楼阁，当赵括临阵夸夸其谈时，敌人的长剑已经呼啸而来；当马谡军帐中信誓旦旦时，败逃时的两泪已然涟涟；但动物们都被凶狠的狼吃掉的时候，光说不做就是给它们最大的代价。

空谈是默默无闻的根源，实干才是孕育成功的种子。你给了生活多少虚伪，生活就会回敬你多少苦涩；你给了生活多少耕耘，生活就会赏赐你多少果实。在通往人生巅峰的天梯上，一切困难，只有在实干中才能破解；一切机遇，只有在实干中才能把握；一切愿景，只有在实干中才能实现。

梦想中的王冠，成功时的光环，奏响生命谱就的乐曲，这是行胜于言的力量。雄鹰选择了翱翔苍穹，便拥有了孤绝华美的身影，傲视天际的威势；蝉以"知了"自居，便只能独鸣于枝头，碌碌无为，令人烦躁。豪言壮语谁都会说，可那只是一肚空话，一腔热血，一纸滥语，成为不了你失败时的遮羞布。

有位经验丰富的船王，每次出海，无论遇到什么困难，他都能化险为夷。船王有个儿子，倍受船王喜爱。船王把所有的经验和可能遇到的一些突发事件都毫无保留地教给了儿子。

接受了父亲这么多的经验，儿子每次都信誓旦旦地吹嘘，我什么都懂，但从来不跟随父亲去做。

不久，船王突然暴病身亡。于是，儿子做了船长。

这天，海上起了一场小风暴，船王的儿子竭力回忆船王教导的话，并努力去做，但一点作用也没有，船沉没了……

这是个悲惨的故事告诉，空谈，而起先不干实事，再多的知识也保不住儿子的性命。

人不是《聊斋》里的狐仙神魅，更不是神通广大的神仙，一挥手、一弹指，就能凭空造起玉宇琼台，雕栏花榭，人必须要实干才能圆梦。

年轻人身在职场，如果你想成就一番事业，就该做到不驰于空想，不骛于虚声，而唯求实的态度、作踏实的功夫。这是成功职场的法则之一。

如何才能避免光说不练，当然离不开两个最主要的要素：理论和实践。

1. 理论要符合实际。

任何理论都是一种客观上的反映，因此，所说的话必须符合实际。

2. 行动。

理论是否正确，是否适用，都要在实践中去证明。因此，要将自己所说的话付与实践工作中去。

3. 谨开口慢出言

古人说："舌为利害本，嘴为祸福门。"舌头能置人死地，也能救人生还。所以讲话不要只顾一时痛快，信口开河，毫不考虑后果，说话要用脑子，做到慎言、慢言。

生活中，一个人会不会说话很多时候是完全可关乎一个人做事情的成败。例如当我们在开会的时候，说话的方式可以给我们在其他人心目中留下不同的印象，如果在开会中你抢别人的话头是一件极其不礼貌的事情，别人说着说着突然被打断，心里会特别不舒服，会产生一种被轻视的感觉，就算你是赞成对方的观点也不要急于去表态，要等对方把他要说要表达出来的东西说清楚以后你才能发表你的意见，尤其是领导在讲话时，千万不要为了图表现而急切地发表自己的"高见"，不要认为以此就能够得到领导的赏识从而会得到重用，这样的话，不仅不能让你得到领导青睐，而且往往会适得其反，毁掉你在领导心目中的形象，后果就可想而知了。

当然，说话作为生活中一门不可或缺的艺术不仅仅限于笔者所举例的方面，除开会这样的正式场合以外还有生活中的其他场合，在各种各样的聚会、面试以及日常生活中我们都必须注意我们说话的方式，知道什么话该说什么话不该说，或者是什么时候该发表言论什么时候不应该随便说话。要尽量利用自己说话的方式方法来为自己在别人心目中加分，给别人留下一个良好的印象。

孔子说话最大的智慧就是说话要谨慎，要谨言慎行。

据《说苑·敬慎》中记载：孔子崇尚周礼，曾专程到周王朝考察文物礼仪制度。

孔子在参观周王祭先祖的太庙时，看到台阶右侧立着一个铜铸的人，但嘴被扎了三道封条。在这个铜人的背面。刻着一行字："古之慎言人也，戒之哉，戒之哉！无多言，多言多败。"意思是：这是古代一位说话极其慎重的人，后人要以此为警戒。不要多说话，多说话就多失败。

大概这给孔子以极大的震动和启发，所以孔子在谆谆教诲弟子时，总是十分强调"君子讷于言而敏于行"。后来人们便以"三缄其口"比喻"慎言"了。人们常用的"缄默不语"也是由此演化而来的。

特别是作为刚刚踏入社会的年轻人，面对社会上的种种不同的人或者是不同的场合，在我们社会经验不足的情况下尤其要做到多听多做而少说话，无论说任何话都要经过反复的思考，要做工作中不屈的战士而不能做那话场上的机关枪。做到"谨开言而慢开口"。

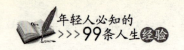
1. 说话要用脑子，敏于事，慎于言，话多无益。

很多事成也是嘴，败也是嘴。平时一定要把好门，否则会给自己带来许多麻烦。讲话不要只顾一时痛快、信口开河，以为人家给你笑脸就是欣赏，没完没了地把掏心窝子的话都讲出来，结果让人家彻底摸清了家底。还得偷着笑你。

2. 遇事不要急于下结论。

即便有了答案也要等等，也许有更好的解决方式，站在不同的角度就有不同答案，要学会换位思维，特别是在遇到麻烦的时候，千万要学会等一等、看一看，静观其变。很多时候不但麻烦化解了，说不准好运也来了。

3. 要学会大事化小、小事化了。

把复杂的事情尽量简单处理，千万不要把简单的事复杂化。掌握办事效率是一门学问，控制好节奏很重要。

4. 用身体说话更动人心

人们通常会认为，一个人的语言留给别人印象是最深的。其实这是一个错觉。经过心理学家们研究发现：在一个人给别人的整体印象中，视觉因素占 55％，声音占 38％，而语言仅占 7％。换句话说，如能恰当地使用你的面部表情、手势、身体的姿态和动作，都可以起到无声胜有声的效果。

人的表情、动作、行为都有特定的含义，这些身体语言虽不具备语言的直接意义，却往往比语言更能显露真实的内心。做了亏心事人总显得心神不定、六神无主；听到好消息时，脸上总要露出笑容；

听到批评时脸色总会显得很不自然；说谎时总怕看着对话者的眼睛；激动时总要手舞足蹈；发怒时总要青筋暴起，或双拳紧握、咬牙切齿。

对人际交往来说，身体语言或者说无声语言是至关重要的。这是因为身体语言的数量远大于有声语言，而且更真实，更难以伪装。所以作为年轻人的你，如果想让自己很快就被接纳，甚至是广受欢迎，那就别放过从头到脚每一个用身体说话的机会！

斯蒂芬是一位曾经为某知名冰箱厂商奠定创业基础的销售员，斯蒂芬为当时销售业绩极不理想的冰箱，注入了起死回生之力。

斯蒂芬当时曾说："如果有人问我这冰箱要耗费多少电费，我会告诉他'很大吧！空间很大吧'。接着，我会以手弄脏了为由，拿出湿毛巾盖在手上，然后把手伸进冷冻室。因为手是湿的，所以会被吸住，我就会告诉客人：'这是因为我们的冷冻室温度达到华氏零下86度的强冷。'这些都是为了要增加客人的临场感。"

把手弄湿了来表现冰箱的强冷，从而说明耗电量大是有理可循的，这的确是很有用的临场表演。从这个例子可以知道，光是用嘴巴说未必能让对方有深刻的感受：但加上了身体语言就不同了，它可以让口中的言语发挥加倍的效果。

沟通，不但要用嘴巴来说话，还要运用富有感情的腔调来增加煽动力，当然更少不了手势等肢体语言，简单地说，就是要调动身体的各个神经来沟通。

1. 面部表情。

乔·吉拉德说："有人拿着100美金的东西，却连10美金都卖不出去，为什么？你看看他的表情就会知道。面部表情十分重要：它可以拒人千里之外，也可以使陌生人立即成为朋友。"

面部表情，是一个可以实现精细信息沟通的身体语言途径。从

一个人的面部表情可以看出他的肯定与否定、接纳还是拒绝、厌恶还是高兴等。如一个人的脸部微微上扬，表明他对某一事物表示肯定；如他的眼睛向外凸出，表示他很厌恶，等等。

微笑是面部表情中十分重要的部分。微笑是一种积极的面部表情，它带来快乐，也创造快乐。所以，要处理好人际关系，就需要经常微笑——对自己微笑，对他人微笑。

美国身体语言专家福斯特写道："尽管我们身体的所有部分都在传递信息，但眼睛是最重要的，它在传送最微妙的信息。"眼睛是人体最独特，也是最丰富的表现语言。

眼睛是心灵的窗户，是透露一个人心灵最好的途径。一切喜怒哀乐都可以从一个人的眼神中流露出来。人们每天都会用目光互通信息，目光在面对面交流中发挥了极大的作用，它决定着你能否有效地与对方交流。因此，年轻人在与人交流时，一方面自己可以用眼睛说话，一方面要关注对方的眼睛。这样不仅可以收集到对方内心的一些信息，还可以使自己更好地与别人沟通。

2. 手势。

人的手势是一种极其丰富复杂的符号，表达了一定的含义，在人际交往中起着直接的沟通作用。言谈间不用手势辅助，会显得呆板僵硬。基本上来说，要表达一种信息，没有手或臂的参与是绝对不可能的。

不同的手势传递不同的信息，体现着人们的内心活动和对待他人的态度。所以，手势动作的准确与否、幅度大小、力度强弱、速度快慢、时间长短都是有讲究的，如果使用不当，很容易让客人感到不愉快而产生误解。比如，对方向你伸出手，你也迎上去握住它，这是表示友好与交往的诚意；你若无动于衷，或只是稍稍握一下对方的手，则意味着你不想与他交朋友。

3. 身体的姿态和动作。

身体动作是最容易被觉察到的一种肢体语言，因为身体动作更容易引起人们的注意。比如当你躲闪某个事物的时候，可能是感到害怕，或是厌恶；当你拥抱他人的时候，表示你对他人的喜爱、同情或是感激；当你不由自主地拍拍自己的脑袋的时候，往往代表着你有某种自责，或是懊悔情绪，等等。

生活中，我们经常用姿势来进行沟通。比如，当你在跟别人说话的时候，出于紧张，或是对对方的尊重，你会"正襟危坐"；当你听到自己感兴趣的话题时，你会身体向前倾，等等。因此，年轻人务必注意的是，平时生活中的姿势代表着一个人的形象和修养，生活中应该让自己"站如松，坐如钟，行如风"。

4. 妆容与服饰。

服饰也是一种"引人注目"的沟通途径。衣着本身是不会说话的，但人们常在特定的情境中以穿某种衣着来表达心中的思想和建议要求。在业务往来中，人们总是选择与环境、场合和对手相称的服装衣着。如一个身穿西服的人，人们通常都会认为他是一个绅士。

一个人的化妆风格直接反映她的审美情趣和性格特点。如一个有强烈表现欲的人，通常会浓妆艳抹，但一个性格沉稳、知识修养较高的人，往往只会化淡妆。

5. 正话反说效果佳

袁枚《随园诗话》说得好："作人贵直，作诗文贵曲。""正话反说"便是"作诗文贵曲"的一种方式。何谓"正话反说"？就是作者

本意是要表现正面的意图，如歌颂、肯定等，但言语表面的意思则恰恰相反，是从完全相反的角度歌颂、肯定等。此法独具机智幽默之美，如果运用得当，可使文章意味蕴藉，给读者留下广阔的思维空间，让人回味无穷。其实说话也是一样。一个人会说话，通常能达到事半功倍的效果，获得意想不到的成功。正话反说正是一种高明的说话技巧。

正话反说也是交谈中的技巧之一，其特点就是字面意思与本意完全相反，让听者自觉去领悟，从而接受你。在特定的情况下，采用正话反说的方法，会收到意想不到的奇效。反说出来的话能使本来也许是困难的交往变得顺利起来，让听者在比较舒坦的氛围中接受信息。

战国时期，楚国有一位能言善辩的人名叫优孟，他善于在谈笑之间劝说国君。

楚庄王有匹爱马，楚庄王看重这匹马远远超过人。比如他为马披上锦绣的衣服，将它养在华丽的房舍里，马站的地方设有床垫，并用枣脯来喂它。可是，马因为吃得太好太多，不久就患肥胖病死了。楚庄王非常难过，下令全体大臣给马戴孝，不仅准备给马做棺材，还要用大夫的礼仪来安葬马。

群臣对楚庄王的做法都非常反对，纷纷上书劝楚庄王别这样做。然而楚庄王对群臣的劝说十分反感，并下令说："谁再敢对葬马这件事进谏，格杀勿论！"

慑于楚庄王的淫威，群臣们都不敢再进谏。优孟听说这件事后，马上来到殿门，刚步入门阶就仰天大哭。楚庄王见他哭得这么伤心，觉得很惊奇，问他为什么大哭。

优孟说："这匹死去的马是大王最疼爱的，楚国是堂堂大国，用大夫的礼仪来安葬，礼太薄了，一定要用国君的礼仪来安葬它。"

楚庄王听到优孟不像群臣那样拼死劝谏，而是支持他的主张，不觉喜上心头，很高兴地问道："照你看来，应该怎样办才好呢？"

"依我看来，"优孟清了清嗓子，慢吞吞地说，"以雕工做棺材，用耐朽的樟木做外椁，以上等木材围护棺椁，派士兵挖掘墓穴，命男女老少都参加挑土修墓，齐王、赵王陪祭在前面，韩王、魏王护卫在后面，用牛、羊、猪来隆重祭祀，给马建庙，封它万户城邑，将税收作为每年祭马的费用。"

楚庄王听到这里，不觉感到羞愧满面，他问："我的过失难道会有这么严重吗？那我现在应该怎么办呢？"

优孟说："请让我为大王用葬六畜的办法来葬马吧：用土灶作外椁，用大锅作棺材，用姜枣作调味，用木兰除腥味，用禾秆作祭品，用火光作衣服，把它葬在人的肚肠里。"

楚庄王于是让人把马剖开煮熟吃掉了。

优孟使用正话反说的方法，同时兼用极度夸张，将楚庄王的错误放大，充分提示了楚庄王做法的荒谬性，终于使他如醍醐灌顶，幡然醒悟。

我们知道，说话的过程其实就是一个说服他人的过程。说服他人不是一件简单的事情，因为当一个人决定要做某一件事情的时候，他就已经为做这件事情想好了无数条理由，如果你逐条驳斥对方，那么很难说服对方。在这种情况下，如果我们能从其反面入手，阐述自己的观点，反而更容易劝服对方。

齐景公喜伺老鹰，并以老鹰猎兔为乐。一天，烛邹不慎让一只鹰飞走，齐景公大怒，下令将烛邹斩首。晏子为了营救烛邹，立即上前拜见齐景公，说："烛邹有三大罪状，哪能如此轻易杀他呢？请让我条条数说他的罪状再杀他，可以吗？"

齐景公说："可以。"

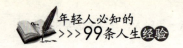

晏子指着烛邹说："烛邹！你为大王养鸟，却让鸟逃走，这是第一条罪状；你让大王为了鸟而杀人，这是第二条罪状；把你杀了，天下诸侯都会责怪大王重鸟轻士，这是第三条罪状。"齐景公听完，随即醒悟，赦免了烛邹的死罪。

晏子表面上是在为齐景公泄愤而骂烛邹，实则指出齐景公重鸟轻士的过错。

正话反说的方法是办事说话时的一种常用方法。反说出来的话能使本来也许是困难的交往变得顺利起来，让听者在比较舒坦的氛围中接受信息。

当我们想要阐明自己的观点并说服对方的时候，我们首先要引起对方的兴趣，让对方愿意听自己的话，并选择一种别人愿意倾听的说话方式。所以，这个时候，正话反说就显得尤为重要了。

在说服别人的过程中，正话反说应遵循以下几点：

1. 先在表面上同意对方的观点，这样对方就会放下戒心，肯听我们的话。

2. 接下来顺着对方的观点进行逻辑上的推理，引出对对方不利的结论。当然结论虽是不利的，但是我们在言语上还是要认为这是好的，这样起到的讽喻的效果，发人深省。这样一来，我们的观点就可以在一个小幽默中传达给对方。采取的是"迂回"的手法，让对方一步步地陷入你设下的圈套，从而达到劝服的目的。

3. 反说表现的对象，总是包括正、反两个方面，这两个方面，是相反相生、相辅相成的。肯定反说，是高度的赞扬，热爱之情特别真挚；否定反说，是强化的鞭挞，憎恶之情极为强烈。因而运用"正话反说"这种写作方法，一定要注意分寸，不可一味"唱反调"，反调要唱得恰当、贴切，否则，只能适得其反。

6. 加了糖的良药，才不苦涩

人们常说："良药苦口利于病，忠言逆耳利于行。"不过，为什么良药一定要苦得让人难以下咽？忠言为什么非得让人听了难受？许多"良药"或包糖衣，或经蜜炙，早已不苦口。讲究批评的方式方法，也可做到"忠言不逆耳"，老少皆喜听。

良言一句三冬暖，恶语伤人六月寒。批评的本质是惩罚，是对人的一种否定。在现实生活中，真正能接受批评中的好意的人并不多，大多数的人宁可听那些甜言蜜语，即使是糖衣炮弹，也甘之如饴。如果我们对于别人的错误进行强硬的指责，那么多半会引起对方的反击，最终无法实现令其改正的目的。那么，如果我们懂得一些技巧，用"糖衣"包裹住自己批评的语言，那么对方就能够接受我们的批评，并认识到自己的错误。

每个人都需要阳光雨露的滋润，需要和风细雨的呵护。赞美是鼓励，批评是督促；赞美如阳光，批评如雨露。但雨露要来得及时、合适，让人感到久旱逢甘露，久寒沐春风的喜悦和欣慰。

批评是一把双刃利剑，既可以救人，也可以杀人。良药虽说利于病，但是苦口；忠言虽说利于行，却很刺耳。如果批评者讲究一些方法和技巧，被批评者自然会从善如流，反之，会让人反胃，甚至厌恶。

那么，怎样的批评能够做到忠言也顺耳，良药不苦口呢？

1. 暗示式批评。

任何人面对直接批评，内心都会不舒服，因为批评就是惩罚。暗

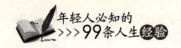

示就像苦药丸外面的"糖衣",用含蓄间接的方式,达到治病救人的最终目的。

在一家大型造纸厂的门口,几个员工正在大门口吸着香烟。

有一天,老板正好经过。当日是中午,他看见几位工人正在抽烟,而在他们的头上,正好有一块大牌子,上面写着"禁止吸烟"。

如果你是这家公司的老板,你会怎么做?会不会走上前去,指着那个大牌子说:"你们不识字吗?"

但是,这个老板并没有这样做。他是这样做的:他走向那些人,递给他们每个人一根雪茄,然后说:"各位,如果你们可以到外面去抽这些雪茄,我将感激不尽。"

工人们立刻意识到自己违反了一项规定,同时,他们也更加敬重这个老板了。

含蓄式批评是一种含而不露、柔中带刚的影射批评。这种批评方式既不会伤害到被批评者的自尊心,又能让被批评者认识到自身的错误,往往能起到直接批评所不能起到的作用。

2. 反语批评。

反语是指所说的道理或所举的事例全是和真理明显相违背的。这种手法贵在故意送明显的悖谬给对方,使对方在明显的悖谬中省悟到自己也同样错了,因此而改变主意。

反语批评在特殊的场合或特殊的人物面前若运用得好,常常能收到意想不到的效果。

优旃是秦国的一位歌舞艺人,善于用反语批评人。

有一次,秦始皇曾经计议要大肆扩建御园,东到函谷关,西到雍县和陈仓。多养珍禽异兽,以供自己围猎享乐。

这是一件劳民伤财的事,但大臣们谁也不敢冒死阻止秦始皇。这时优旃挺身而出,他对秦始皇说:"好,这个主意很好,多养珍禽异兽，敌人就不敢来了，即使敌人从东方来了，下令麋鹿用角去抵触他们就足以应付了。"

秦始皇听了这话，因为优旃的讽谏，破例收回了成命，停止了扩大猎场的计划。

又有一则故事：

秦二世皇帝即位，又想用漆涂饰城墙。优旃说："好。皇上即使不讲，我本来也要请您这样做的。漆城墙虽然给百姓带来愁苦和耗费，可是很美呀！城墙漆得光溜溜的，敌人来了也爬不上来。要想成就这件事，涂漆倒是容易的，但是难办的是要找一所大房子，把漆过的城墙搁进去，使它阴干。"

于是秦二世皇帝笑了起来，因而取消了这个计划。

优旃利用"赞扬"达到了批评的目的，同时也保全了自身性命。表面上是赞同皇上的主意，言外之意告诉皇帝，那样做是不对的。倘若优旃直言劝谏，告诉皇帝那是大错特错的，恐怕没有哪个皇帝不大发雷霆。换一个角度说话，采取一种正话反说的形式对他"赞扬"一番，可以缓和紧张气氛，促其反思，往往能起到更好的效果。

3. 模糊式批评

某公司为整顿员工纪律，召开了员工大会，领导在会上说，最近一段时间，我们公司的纪律总的来说是好的，但也有个别人表现较差，有的迟到早退，也有的上班时间聊天……

这就是一个典型的模糊式批评，用了不少模糊语言："近一段时间"、"总的"、"个别"、"有的"、"也有的"，等等。这样，既照顾了面子，又指出了问题，他的批评没有指名，并且又具有某种弹性，通常这种批评比直接点名批评效果更好。

7. 善意的谎言也是一种美

世上的谎言难道全是坏的吗? 不, 不是! 有时谎言也会成美丽的、善意的谎言, 能够激发上进的谎言。

善意的谎言是一种处世的方式, 是一种替人着想的品质的体现。生活中, 有的真实的谎言往往可以把人们抛入痛苦的深渊, 而有的时候, 善意的谎言却能催生出这个世界上最美丽的花朵。有时谎言也是一种美!

在一个寒冷的夜晚, 鲁兹太太正打算关上她的零售店店门, 突然, 有个年轻人闯了进来, 递上 100 美元, 说要一份热狗和一杯牛奶。

在接过那张钞票的一瞬间, 鲁兹太太就断定那是张假钞。她瞟了年轻人一眼, 年轻人低垂着头, 一副穷困潦倒的模样。鲁兹太太不动声色地问道: "能换一张吗?"

年轻人开始紧张慌乱起来, 头垂得很低, 他嗫嚅了半天说: "没有, 太太, 我……我很想要一份热狗, 我一整天没有吃东西了。"鲁兹太太觉得这是一个还没有完全丧失羞耻感的孩子, 对于这样的孩子, 也许一块面包的温暖远比一声呵斥更有震撼力。想到这儿, 鲁兹太太不再迟疑, 马上找零钱。

在年轻人转身离开的当口, 鲁兹太太忽然大叫一声, 手捂着胸口跟踉跄了几下。年轻人吓坏了, 赶紧上前扶着老人。"快!"鲁兹太太把那 100 元的假钞塞到年轻人手里, "到对面的诊所买药, 就说鲁兹太太病了。"

年轻人走后，鲁兹太太麻利地抓起电话，打到那个诊所，那是她弟弟开办的。鲁兹太太在电话里说："如果有个年轻人来给我买药，给他三四十美元的药好了，另外，他手里有一张 100 美元的假钞。"放下电话，鲁兹太太默默地祷告着，如果他真是个富有爱心和责任感的孩子，他就一定会回来。一会儿，诊所的电话打过来了，告诉鲁兹太太，年轻人已经拿着药走了，没有用假钞。鲁兹太太长吁了一口气，庆幸自己没有看走眼。

那个夜晚，年轻人不离左右地陪伴着"病中"的鲁兹太太。天亮后，鲁兹太太感激年轻人"救"了自己，竭力挽留要离开的年轻人，请他帮忙照看几天零售店。

几年过去了，那个小店变成了超市，超市又有了子超市，而那个年轻人就是在美国靠零售业发迹的怀特。

在那个风雪之夜，鲁兹太太用善意的谎言，让怀特不失自尊地接受了她的帮助。

善意的谎言是出于美好愿望的谎言，谎言即变为理解、尊重和宽容，是人生的滋养品，具有神奇的力量。它让人们燃起希望的火焰和信心，也让人确信世界上有爱、有信任。

生活中，经常能碰到一些善意而美丽的谎言，这些谎言构成的是人生的另一道风景。它会使我们身处的这个世界变得更加温暖祥和、动人、美丽、让人景仰。

善意的谎言是美丽的，以维护他人利益为目的和出发点，其实那是一种爱。雨果说过"善是精神世界的太阳"。人有时在特殊的时候，编织一种善意的谎言，反映出的是人的精神世界理智的光辉。

善意的谎言无碍于诚信。它能让人找到用笑脸去面对生活的理由；它能让人战胜脆弱，绝处逢生；它能给人自信、给人快乐。它可以传递温暖，传递感动，它还可以增进人与人之间的情感。固然，生

活让我们每一个人学会诚实，而谎言，却是让人无比憎恨的。如果谎言中带有一定的善意的话，那又何尝不是一种美呢？

生活需要善意的谎言。那么如何区分善意和恶意的谎言呢？

1. 动机。

谎言有善意和恶意之分。善意的谎言出于善良的动机，以维护他人利益为目的和出发点。其本身性质决定它并非恶意，而是建立在内心之善的基础上，而恶意的谎言是为谋取利益而说谎，把他人仅作手段，不惜伤害他人的行为。

2. 善意的谎言无碍于诚信。

善意的谎言是一种处世方式，是一种替人着想的品质。如，对一个身患绝症的人说他的病很轻，使他安心养病，估计没有人怀疑他的诚信问题。相反是恶意的真实，一个卖国贼道出了自己国家的机密，估计不会有人认为他诚信。

8. 说话含蓄一些

含蓄，是一种巧妙和艺术的表达方式。在生活中，当我们很想表达一种内心的强烈愿望，但又觉得难以启齿时，不妨借助于"含蓄"。

在社会交往中，富于社交能力的人，就要有驾驭语言的功力，就要会自如地运用多种语言表达方式，不断探求各种各样的语言风格。生活中，有时要直言不讳，有时还非得含蓄、委婉些不可，才能使其效果更佳。

人与人之间总是存在着差别，生活中也总会遇到一些不便直言的场合或事情，这就要求我们说话要"曲"一点，让人思考后悟出，揣摩后明白。

第二次世界大战后，一位记者问萧伯纳："当今世界上你最崇敬的是什么人？"

萧伯纳答道："要我说所崇敬第一个人，首先应推斯大林，是他拯救了世界文明。"

记者接着问："那么第二个人呢？"

萧伯纳回答："我所崇敬的第二个人是爱因斯坦先生。因为他发现了相对论，把科学推向一个新的境界，为我们将来开辟了无限广阔的前景，他对人类的贡献是无可估量的。"

记者又问："世界上是不是还有阁下崇拜的第三个人呢？"

萧伯纳微笑道："至于第三个人嘛，为了谦虚起见，请恕我不直接说出他的名字。"

记者被萧伯纳的话引得大笑起来，频频点头，欣然而去。这便是含蓄所产生的效果。

生活中有不少人不是这样，常常无情地剥掉别人的面子，伤害了别人的自尊心，却又自以为是。当遇到一些不便说、不忍说，或者是由于语言环境的限制而不能直说的话，因此不得不"循辞以隐意，谲譬以指事"，使本来也许十分困难的交往，变得顺利起来。

含蓄是一种魅力。坚实的土地，裸露的岩石，金色的沙滩，有一种直率的美，但这又多么不够。轻纱似的薄雾，如泣如诉的雨声，朦朦胧胧的黄昏，有一种含蓄的美，它给了我们许多美的记忆。

在语言沟通的过程中，含蓄是一种颇有奇效的黏合剂。含蓄能够避免尴尬，又能适应人们心理上的自尊感，使人听起来轻松自在，心情舒畅，也更容易让人接受。运用巧妙的含蓄，好像什么都没说，实际上什么都说了。

当你把握不住自己的某些要求、愿望直接道出是否能得到别人

165

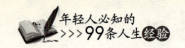

的同情与支持，或者担心直接提出某些要求有失风度、有失体面时，借助含蓄语言可以帮助你维护尊严，避免尴尬。当你发现上司决策失误，或者长辈有所不检，而当面指出又觉得不太礼貌时，借助含蓄语言可以起到引导作用。当你对周围环境产生不满情绪，或者对时弊产生疾恶之意而不便直抒胸臆时，含蓄语言可以帮助你讽刺时弊，嘲笑丑恶。当你觉得对一些不太文雅的事物、现象、行为、动作难以启齿表达时，含蓄语言可以为你鄙弃庸俗。

含蓄是一种情趣，一种修养，一种韵味。有时含蓄胜过滔滔不绝。那么，我们在说话过程中如何做到含蓄呢？

1. 含蓄不是晦涩含混，含糊其辞。

含蓄的目的，是让对方听出"言下之意""弦外之音"，达到交际目的。如果将含蓄理解为闪烁其词、躲躲闪闪，与含蓄的宗旨，就大相径庭了。在同事、朋友之间，言辞还是直率一点好，如果过多地使用含蓄语言，会使对方感到你太虚伪、耍滑头，像蒙了一块面纱，看不清楚你的真面目，友谊也就会出现危机。

2. 借助暗示达到目的。

故意说些与本意相关或相似的事物，来烘托本来要直接说的意思。

3. 注意语气和措辞。

同样一句话两种语气或两种方式能带来很大差异。比如，小王，给我把书还了！改进为：小王，如果你有空帮我把书还了那就再好不过了！

委婉的语言来源于语气，尤其是虚拟语气。学会在适当的场合运用虚拟语句，可以表现你对听者的尊重，让对方很舒服，由于虚拟语气包含了征询对方意见在先，就具有委婉恳切的态度。

9. 沉默也是动听的语言

对一些唠叨不休，信口雌黄的人来说，"沉默是金"真是一点也不错。

天不言自高，地不言自厚。在生活中，不经意中受到他人伤害、面对挑衅、被人误解、嘲笑，你不想解释、争辩，选择沉默。此时的沉默是深沉、是含蓄、是成熟的标志，是最好的回答和诠释——最动听的言语。

沉默是金。在沉默中，你会养成宠辱不惊的习惯，而对事物冷静，沉着，为你的将来奠定基础。沉默让你有耐心，思考问题全面。沉默不是消沉，不是懦弱，是一种谦虚的态度，让我们相信"沉默是金"。

伤人的话不该说，你选择沉默；自夸的话不该说，你选择沉默；随声附和的话不该说，谄媚的话不该说，损人利己的话不该说，你选择沉默。沉默是一种处世哲学，是有力的武器，是力量的蓄积。当然沉默并不等于无言，它是一种蓄势待发的过程，如同弓箭，需要蓄势才能发挥最大威力。

战国时，楚庄王即位三年，没有发布一条法令。

左司马问他："一只大糊涂鸟落在山丘上，三年来不飞不叫，沉默无声，为何？"

楚庄王答曰："三年不展翅，是要使翅膀长大；沉默无声，是要观察、思考与准备。虽不飞，飞必冲天；虽不鸣，一鸣惊人！"

果然，第二年，楚庄王听政，发布了九条法令废除了十项措施，

处死了五个贪官，选拔了六个进士，于是国家昌盛，天下归服。

楚庄王不做没有把握的事，不过早暴露自己的意图，所以能成就大业。这正是大器晚成，大音希声，不鸣则已，一鸣惊人！

君子厚积而薄发，三年不鸣，一鸣惊人。沉默不代表妥协，将争论的力量变换到行动上，留给舆论一个潇洒的背影才是智者所为。

印度著名诗人泰戈尔说过："沉默是一种德行，沉默凝聚着力量，酝酿出光辉，沉默是金。"如果没有沉默，就没有孕育，就没有震荡，就没有突破。

春秋时代，越国被吴国打败，越王勾践卧薪尝胆，选择了沉默，经过长期准备，越国终于打败了吴国，沉默凝聚着力量，只有厚积薄发，后发制人，恰到好处，才能克敌制胜，沉默是冷静，沉默是金。

纸上谈兵的赵括最终全军覆没；隐居山林的诸葛亮却能一鸣惊人。大地的沉默孕育了金秋的收获；冬日的沉默更是孕育出一片姹紫嫣红的春天。花开是没有声音的，却很美丽。

海明威说："我们花了两年学会说话，却要花上六十年来学会闭嘴。开口可以是一时冲动，闭嘴却需要意志力来控制。"该怎样掌握那些原则，才能让闭嘴的效益达到最高？

1. 静下心倾听。

沉默主要就是静下心来倾听，控制说话的冲动。

2. 非言语沟通。

人与人之间的交流，主要是达到感情上的沟通，有时一个关爱的眼神、一个行为的改变，就可以化解纷争，修复关系。

3. 沉默争取有利位置，再伺机反击。

沉默不是消极的沉默不语，而是练习积极的制造空白，把沟通的控制权掌握在自己手里。

沉默凝聚着力量，只有厚积薄发，后发制人，恰到好处，才能克敌制胜。

4. 思考怎么说。

沉默并不是什么都不说，而是希望人们深思熟虑、三思而后说，让思考的火花在沉默中放出光彩，让语言的艺术在思考中得到升华！

10. 懂点得体说话方式

开口说话，看似简单，实则不容易，会说不会说大不一样。古人云："一言可以兴邦，一言也可以误国。"

有时候真诚的人会受人欢迎，但大多时候八面玲珑的人才会左右逢源。因为我们和人交谈，往往要考虑整体的环境、别人的心理、事情的效用，否则你很有可能会显得格格不入。

"说话"是一门艺术。良好的说话技巧，能够为你赢得更好的人缘和更多的机会，让你感受到更多的轻松和愉悦。

理发师傅带了个徒弟。徒弟学艺3个月后，这天正式上岗，他给第一位顾客理完发，顾客照照镜子说："头发留得太长。"徒弟不语。师傅在一旁笑着解释："头发长，使您显得含蓄，这叫藏而不露，很符合您的身份。"顾客听罢，高兴而去。

徒弟给第二位顾客理完发，顾客照照镜子说："头发剪得太短。"徒弟无语。师傅笑着解释："头发短，使您显得精神、朴实、厚道，让人感到亲切。"顾客听了，欣喜而去。

徒弟给第三位顾客理完发，顾客一边交钱一边笑道："花的时间挺长。"徒弟无言。师傅笑着解释："为'首脑'多花点时间很有必要，您没听说：进门苍头秀士，出门白面书生?"顾客听罢，大笑

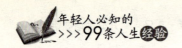
而去。

徒弟给第四位顾客理完发，顾客一边付款一边笑道："动作挺利索，20分钟就解决问题。"徒弟不知所措，沉默不语。师傅笑着抢答："如今，时间就是金钱，'顶上功夫'速战速决，为您赢得了时间和金钱，您何乐而不为？"顾客听了，欢笑告辞。

晚上打烊后，徒弟怯怯地问师傅："您为什么处处替我说话？反过来，我没一次做对过。"师傅宽厚地笑道："不错，每一件事都包含着两重性，有对有错，有利有弊。我之所以在顾客面前鼓励你，作用有二：对顾客来说，是讨人家喜欢，因为谁都爱听吉言；对你而言，既是鼓励又是鞭策，因为万事开头难，我希望你以后把活儿做得更加漂亮。"徒弟很受感动，从此，他越发刻苦学艺。日复一日，徒弟的技艺日益精湛。

会说话的人好办事，不仅可以避免将来很多矛盾和冲突，而且可以让你的事业一帆风顺。如果发现你的沟通有问题，不妨换种说法试试，也许会更好。

与人说话要想达到最佳的效果，应注意两个方面：

1. 称谓。

说话的时候记得常用"我们"开头，这样会拉近彼此之间距离；在责备别人的时候，少用"你……""你们……"多用"我们"这样更具有亲和力，别人会更容易接受；需要夸奖自己的时候，少用"我……"多用"我们"这样显得少了自我，多了团结的气氛。

2. 语气词。

但凡说话都离不开语气。语气是有声语言的最重要的表达技巧。只有掌握了丰富、贴切的语气，才能使我们的思想感情处于运动状态，不时对通话人产生正效应，从而赢得交际的成功。

第七章

控制情绪才能控制人生

　　"情绪"就像人的影子一样每天与人相随，在日常的工作、生活中时时刻刻都体验到它的存在给我们的心理和生理上带来的变化。

　　情绪是完全可以控制的，要知道，人不可能永远处在好情绪之中，生活中既然有挫折、有烦恼，就会有消极的情绪。一个能够很好地控制自己情绪的人，总是安详而快乐的，自己的人生也是平坦的；而那些容易冲动和后悔的人，总是被自己的情绪所左右，控制不了自己的情绪，甚至还会做出出格的事情来。

　　拿破仑·希尔曾说过："我发现，凡是一个情绪比较浮躁的人，都不能做出正确的决定。成功人士，基本上都比较理智。所以，我认为一个人要获得成功，首先就要控制自己浮躁的情绪。"因此，年轻人让我们撩开情绪的面纱，了解自我，管理情绪，才是成功之道。

1. 冲动是魔鬼

冲动是精神的激荡，心灵的异常。冲动是一种最具破坏性的情绪。当冲动吞噬了你的心灵，灾难将无法阻挡。在生活中，将人们击垮的，有时并不是那些大的灾难，而是我们不善自控的性情。

俗话说："冲动是魔鬼。"它会冲昏我们的理智，让我们做出错误的判断与决策。一个无论多么优秀的人，在冲动的时候，都难以做出正确的抉择。历史上的很多悲剧里都可以找到它的影子。三国中的两员名将吕布和张飞，虽说都骁勇善战，但因做事冲动，意气用事的性格，造成了一个兵败走定陶，一个身首异处的悲惨下场。年轻人要想成就一番事业，就要想办法战胜它。

冲动是人类情绪中的顽疾。冲动有时会导致不可思议的后果；冲动有时会产生不必要的损失；冲动有时甚至会毁灭一切。

有一个猎人，他养了一只极通人性的爱犬。每天猎人打猎的时候，他的爱犬就留在家帮他看管他3岁的孩子和他所有的财产。

有一天猎人回来了，但他惊恐地发现他的爱犬满身是血地坐在地上正向他叫，同时，他3岁的孩子也不见了。

见此情景，猎人心想：莫非是它饿极了，而把我的孩子吃掉了？想到这里，猎人顿时失去理智，举起枪，他的爱犬倒在了血泊中。

就在枪声过后，他听到了自己孩子的哭声，寻着哭声，他在自己家一间屋子的床底下发现了自己的孩子，并且在床边看见了一头已经死去的狼。

这时，猎人一下子全明白了，他竟一时冲动，打死了拼命保护自己孩子的爱犬，猎人后悔莫及，抱起自己的孩子跪在自己的爱犬身边，失声痛哭。

生活中，年轻人都不可避免地会遇到一些让人不能接受的事情，这个时候我们一定要保持冷静，千万不能让愤怒之火淹没理智。做事过于冲动，会让你咽苦果，也许会让你后悔终生。

刚刚毕业的年轻人，大都血气方刚，青春有热血有豪情，但是往往缺乏理智，只凭一时的想法和情绪办事，结果造成难以挽回的局面，后悔也为时已晚。

一忍可以成百勇，一静可以制百动。人在发怒的时候是最容易冲动的，这时候的愤怒之心如猛烈的火焰，邪欲之念如滚烫的沸水，一定要用理智加以抵制。真正成大事者，皆有能屈能伸的伟力。他们为了心中的宏伟目标，隐忍不发，"十年磨剑"，努力提高自己的素质，等待时机一飞冲天。

培根曾说："每个人都有控制情绪失灵的时候，每个人都会冲动。如果你不培养心平气和的性情、清醒的理智，不培养交往中必需的沉着冷静，一旦触到导火索，就会暴跳如雷，情绪失控，从而把自己美好的人生毁掉，最后只会使自己陷入自毁的囹圄。"这句话对于一些意气用事的年轻人来说尤为合适。年轻人因为不懂得克制自己的情绪，很容易就不分场合地发泄出来，还未耐心地听人解释，就让"情绪"成了自己的主人。

那么，作为年轻人如何避免由于冲动给你带来的灾难呢？

1. 要学会"三思而后行"，多用脑袋思考。

很多的时候，我们的第一个念头只不过是来自大脑"尚未思考"或者"尚未思考清楚的"的"冲动"而已。如果我们可以坚持启动思考，或者坚持思考下去，最终得到的可能就是深思熟虑的成熟结果。

做什么事情，一定要有耐心，少一些意气，少一些冲动。凡事一定要多思多虑，才能再行动。

2. 转移注意力。

在情绪即将失控的时候，请赶快转移你的注意力，将关注点从事件上转移，可以使即将失控的情绪得到平息。

3. 采用水疗法。

洗个热水盆浴，可能会让你的怒气和焦虑随浴液的泡沫一起消失。

4. 进行一些训练，让冲动在体力中消散。

心理学家发现，运动是有效解决愤怒的方法，尤其是多参加户外活动，主动做一些消耗体力的运动，如登山、游泳、武术或拳击等，使不快得以宣泄。

当感觉自己的情绪无法控制时，可以主动做一些运动，让冲动的情绪随着汗水一起流淌掉。这样不仅可以陶冶性情，还可以丰富业余生活。

2. 做情绪的主人，而不要成为情绪的奴隶

有这样一个故事：

说的是死神来到一个部落，向那里的人宣布：“明天我要带走100人的生命，至于是哪些人，谜底就留待明天揭晓。”

次日，当死神再次回到这个部落准备带人的时候，意外地发现这个部落中，一夜之间竟然死了1000人！

过度忧愁、焦虑、烦恼、痛苦……就如同死神来到我们身边一样，随时都可能将陷入绝境，永无宁静之日。

月有阴晴圆缺，人有喜怒哀乐，但这并不意味着我们是情绪的奴隶，任凭情绪来遥控。如果说情绪是奔腾的“洪水”，那么理智就

是一道坚固的"闸门"。

你不能左右天气，却可以改变心情；你改变不了事实，但你可以改变态度；你无法控制别人，但可以掌握自己。我们前进的道路虽说坎坷曲折，但是道路两旁盛开着五彩芳香的花，在我们头顶上洒满了温馨的阳光。愿每个年轻人都能用理智驱走不良情绪的阴影，做情绪的主人。

德国有句谚语："神欲使之灭亡，必先使之疯狂。"不以物喜，不以己悲。年轻人要掌控自己的情绪，做情绪的主人，而不要成为情绪的奴隶。

古希腊哲学家苏格拉底原先和几个朋友住在一间只有七八平方的房子，友人认为他居住的条件太差了，他说："朋友们住在一起，随时可以和他们交流感情，是值得高兴的事啊。"

几年后，他一个人住，又有人说他太寂寞了，他又说："我有很多书啊，一本书就是一个老师，我和那么多老师在一起，怎么不高兴呢？"

之后，他住楼房的一楼，友人认为一楼的环境差，"你不知道啊，一楼方便啊，进门就到家，朋友来方便，还可以在空地上种花，种菜什么的。"

后来，他又搬到顶楼，有人说住顶楼没好处，"好处多啊，每天爬楼锻炼身体啊，顶楼光线也好。头顶上没干扰，白天晚上都安静。"

面对各种不良的环境，苏格拉底都能以良好的心态，满腔的热忱，积极向上的态度迎接"挑战"。

如今有一部分意气用事的年轻人，刚刚涉世，却不懂得收敛自己的性子，他们不分场合、不分地点、不分对象，肆无忌惮地发作，这样的人只会让事情变得更加糟糕。

"假如生活欺骗了你，不要悲伤，不要心急！忧郁的日子里需要镇静；相信吧，快乐的日子将会来临。"忧郁是短暂的，快乐却是永

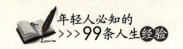

恒的。年轻人在生活中少一些冲动，少带些不良情绪，学会掌控情绪，幸福就在不远处。

年轻人，你们的生活才刚刚开始，每个人的前方都有一幅优美的风景，愿每个人都能做自己情绪的主人，把握好自己的心海罗盘，把属于自己人生的这幅长卷描绘得多姿多彩！

那么，生活中怎样做情绪的主人呢？

1. 用理智来调控情绪。

人是有理智的，在陷入不良情绪时，应调动自己理智的闸门，去控制不良情绪，使自己的情绪愉悦起来。

增强理智感，可以使我们遇事多思考，多想想别人，多想想事情的后果，认真对待，慎重处理。当想与人争吵时，也可反复提醒自己："千万别发怒，要冷静。"这样，就可以遏制情绪冲动，避免不良后果。

2. 合理发泄法。

学会在合适的场合，用合理的方法去发泄自己的情绪。如通过哭喊的方式使内心深处的不良情感发泄出来；向家人或者信得过的朋友倾诉，一吐为快；给予别人更多的关心，共享彼此的欢乐，分担彼此的痛苦；进行剧烈的运动，如登山、球类，或拳击等，使不快得以宣泄，等等。

3. 注意力转移法。

在情绪即将失控的时候，请赶快转移你的注意力，将关注点从事件上转移。

环境对情绪有重要的调节和制约作用。变换环境也是一个很好的有关转移注意力的方法。环境对于人而言，不能直接地将人引入积极的情绪状态，它对人的作用更主要的是帮助我们营造良好的心境，这种好的心境是积极情绪发生的必要场所。一般而言，较大的空间对于人而言总是有利的，因为物理空间和心理空间是有直接联系的。环境好的地方可以让人觉得舒服。

3. 转移注意力，告别不良情绪

人总有情绪低落的时候，也许因为一个人，也许因为一件事……总让人久久不能释怀。当人的情绪处于低潮时，对任何事情都提不起兴趣。如果总想着那些伤心的事情，会使你陷入思维沉迷与情绪急乱状态，如果你将注意力转移，对原来痛苦的体验便会被阻隔。

俄罗斯教育家乌申斯基曾精辟地指出："'注意'是我们心灵的唯一门户，意识中的一切，必然都要经过它才能进来。"影响一个人的心情好坏取决于我们关注的事物好坏。

古时候的人们，都利用脚力极佳的骡子，来驮运笨重的货物。骡子的体力虽然好得不得了，但也有着一项要命的缺点——就是传说中的骡子脾气。

从前有一个农夫，一天他家的骡子被他儿子扭了性子，它的四只脚像上了钉子一样，固定在地面，一动也不动。无论农夫的儿子怎样地使劲鞭打，骡子还是坚持它固执的脾气，一步也不肯向前走。

这时农夫走过来告诉儿子："每当骡子闹脾气时，有经验的主人，不会拿鞭子打它，那样只会让情况更加严重。"

话音刚落，农夫很快地从地上抓起一把泥土，塞进骡子的嘴巴里。然后，农夫向骡子抽了一鞭，骡子缓缓地前进了。

儿子诧异地道："骡子吃了泥土就会乖乖地继续往前走了？"

农夫摇头道："不是这样的。"

儿子又说："怎么会这样呢？"

农夫微笑道："道里很简单，骡子忙着处理口中的泥土，便会忘了自己刚刚生气的原因。这种塞泥土的做法，只不过是转移它的注意力罢了。"

儿子点了点头。

这个方法用在骡子身上有效，同样也适用于人。或许过去我们一直认为自己不快乐，正是因为我们老是将注意力放到错误的方向上，而让自己的意念像固执的骡子一般，不肯离开令人不快的思绪之中。

换个方向，前方会有不一样的风景，从中获得崭新的乐趣。很多时候，年轻人会碰到不顺心的事情，觉得心情郁闷，但如果换个角度，你会发现，世界大不一样。

想要获得良好的情绪，并不像自己认为的那么困难。当你学会把视线从惯性不悦的焦点移开之际，你将会发现原来还有那么多值得欣慰的事情。

转移注意力是获取良好情绪的一种重要途径，但是很多年轻人并不知道如何才能转移注意力。其实转移注意力的方法有：

1. 消遣转移法。

当出现苦闷、烦恼时，将注意力转移到有兴趣的活动中，转移到使人心情愉悦的事情上去。如散步、打球、唱歌、下棋、游戏等有一定消遣性质的活动，可以使自己处于兴奋状态，忘却烦恼。

2. 环境转移法。

当出现不良情绪时，改变一下所处的环境，远离刺激源，也会很有帮助的。

3. 繁忙转移法。

在出现情绪不佳时有意地安排一些工作任务，使其注意力集中在该项工作上而忘却烦恼。忙于工作，不给自己多余的思想去想那么不快乐的因素，不知不觉，不良情绪慢慢消退了。

4. 用宣泄来为自己减压

人是感情动物，喜怒哀乐人之常情。闭锁的心灵好像一只密闭的容器，如果不及时排放过多的气体，就会引发爆炸。当遇到不愉快的事时，应把不良心情宣泄、释放出来。

宣泄是一种良好的自我调节情绪的方法。每个人都渴望时时如意，事事顺心，但事实上"生活有苦也有甜"。当面对追求的失落，奋斗的挫折，情感的伤害，学习的压力等困扰时，年轻人应正确、恰当地调整好自己的心态，学会巧妙、有效地宣泄自己的情绪，保持身心的健康，用良好的心态去迎接前进中的各种挑战。

小明是一家公司的职员，在公司里的人缘很好，他性情很好、待人和善，几乎没人见他生气过。

有一次，有个朋友路过他的家门，顺道去看看他，却发现他正在顶楼上对着天上飞过来的飞机吼叫，那朋友好奇地问他原因。

他说："我住的地方靠近机场，每当飞机起落时都会听到巨大的噪声。后来，当我心情不好或是受了委屈、遇到挫折，想要发脾气时，我就会跑上顶楼，等待飞机飞过，然后对着飞机放声大吼。等飞机飞走了，我的不快、怨气也被飞机一并带走了！"

他的朋友终于明白了，怪不得他脾气这么好，原来他知道如何适时宣泄自己的情绪。

人对不良情绪的承受能力是有一定限度的。一味地压抑心中不快，并不能解决问题。现实生活中，年轻人都应学习如何舒解自己的精神压力，如此才能活出健康豁达的人生！

在人生的旅程上，年轻人总会遇到不如意的事，常常不良的情

绪便油然而生。如果消极情绪过多地淤积在心底，心理负荷过重，就可能发生生理或心理疾病，这种情感对人的身心健康是极为有害的。

那么怎样才能正确抒发自己的不良情绪呢？下面是一些有用的方法。

1. 哭喊法。

通过哭喊的方式使内心深处的不良情感发泄出来，从而对这种情感不再感到愤怒与痛苦。

2. 倾诉法。

向家人或者信得过的朋友倾诉，一吐为快。把心中的不快、郁闷、愤怒、困惑等消极情绪，一股脑倒出来，会使得自己轻松一些。

3. 呼吸调解法。

呼吸与情感密切相关，愤怒时呼吸急促，忧伤时呼吸噎塞，吁叹时可带来宽舒。其方法为体位平卧，双膝屈曲，摒除杂念，全神贯注于腹式呼吸，先缓慢而柔和地尽力呼气，使腹壁几乎贴近后背，保持这一状态，片刻后自然会出现吸气运动，腹部就像充气一样鼓起来。如此持续几个循环可消除内心的愤怒、忧伤。在深吸气后会发现自己呼吸变得平稳，整个人也平静下来了！

4. 欣赏音乐。

欣赏音乐也是最普遍的松弛形式之一。美妙的音乐会使人进入诗一般的幻境，并激发起向上的追求，它会让人积极地去理解和肯定人生，让生活更加充实、身心更健康。

5. 控制情绪，激发潜能

情绪犹如一把双刃剑。情绪会带给我们勇气、信心和力量，也会使我们冲动、消极、无所事事，甚至做出一些令自己后悔甚至违法的事情。

年轻人在多梦的花季，有着丰富的情绪变化。这些情绪有时使我们精力充沛，精神焕发；有时又使我们疲惫不堪，不知所措。一个人如果能够控制这些不良的情绪，就能激发出你的潜能，成就一番功业。

有两个秀才一起去赶考，路上他们遇到了一支出殡的队伍。看到那一口黑乎乎的棺材，一个秀才心里立即"咯噔"一下，凉了半截，心想：完了，活见鬼，赶考的日子居然碰到这个倒霉的棺材。于是，心情一落千丈，走进考场，那个"黑乎乎的棺材"一直挥之不去，结果，文思枯竭，果然名落孙山。

另一个秀才也同时看到了，一开始心里也"咯噔"了一下，但转念一想：棺材，棺材，噢！那不是有"官"又有"财"吗？好，好兆头，看来今天我要红运当头了，一定高中。于是心里十分兴奋情绪高涨，走进考场，文思如泉涌，果然一举高中。回到家里，两人都对家人说："棺材"真的好灵。

现实生活中，有人会因为失败而泄气，也有人因为战胜失败而成就一番惊天动地的事业；有人会因为对手强大而退缩，也有人会因为挑战巨人而使自己快速成为巨人；有人会因为产品卖不出去而抱怨产品，抱怨公司，抱怨顾客，也有人因为产品卖不出去而创新出大受市场欢迎的新产品和新服务；有人会因为受不了上司的严厉而

每每跳槽，也有人会因为"严师出高徒"而使自己能胜任更复杂的工作后不断晋升到高位！

其实，控制情绪是对情绪的一种选择，即抑制不良情绪，使自己转向正面、积极的情绪。如果选择正确，控制到位，就容易在复杂的局面中掌握主动权，变不利为有利，激发更多的潜能。

战国时期孙膑被砍去双脚后，怒而发奋，写出《孙膑兵法》；苏东坡被贬黄州，大江东去，浪淘尽，千古风流人物，谁人不知，谁人不晓；司马迁在遭受宫刑后其志不催，一曲无韵离骚，足以让后人叹绝千古；贝多芬在遭受双耳失聪的情况下，创作出《命运交响曲》。

当你受了委屈的时候，你不妨到户外走走；当你感到苦闷的时候，不妨向好朋友诉说衷肠；当你欲哭无泪、欲说还休的时候，你干吗不放声地大喊，尽情地歌唱呢？当你对自己觉得不满足的时候，年轻人，你不妨审视你的优点，发现它，激活它，让它成为你进步、提高的动力。

那么，怎样才能把坏情绪转化为成功的动力呢？

1. 精神胜利法。

自己告诉自己："我就是最优秀的，如果我都不行，那么别人肯定也不行。"

不断发现自己身上的优点，以鼓励自己，指引自己，并不断朝理想和成功迈进。

2. 自我暗示法。

自己告诉自己："我准备得很充分，一定可以成功""紧张和担心都是无谓的，毫无意义"等。

对自己有一个合理的预期评价，这样才能在不断的进步和成绩中一步步走向成功。

3. 改变态度法。

改变不了某件事，就改变对这件事的态度。一个人因为发生了的事情所受到的伤害，不如他对这个事情的悲观看法更严重。事情本身不重要，重要的是人对这个事情的态度。态度变了，事情就变了。内心愁苦，命运也将愁苦，心态决定命运。

6. 从容面对生活中的不如意

人生的进程就像一次旅游——无穷无尽，沿途有着美丽的风景，也有高山、江河的阻隔。世间不如意之事常十之八九，在你的前方不知是一番怎样的场景。

赵朴初在遗作中写道："生亦欣然、死亦无憾。花落还开，水流不断。我兮何有，谁欤安息。明月清风，不劳牵挂。"人间冷暖常有，世事不平常存，何不放开胸怀，从容面对人生。

淡然宽怀看春秋，人生需要从容。路有升沉进退，人有悲欢离合。从容，才能走远路，不怕万水千山；从容，才能干大事，敢于倒海翻江，扭转乾坤；从容，才能临危不乱，举棋若定，化险为夷；从容，才能善待自己，善待生活，善待人生，善待生命。

云从容，才会有九天而落的雨；水从容，才一路逶迤，永不停息。从容面对人生旅途中各式各样的小插曲：或喜，或悲，或惊，或诧，或忧，或惧，花开花谢，寒来暑往，不以物喜，不以己悲。

战国时代，在长城外住了一位老翁。

有一天，老翁家里养的一匹马无缘无故走失了。在塞外，马是负重的主要工具，所以，邻居都来安慰他，这位老翁却很不在乎地说："这件事未必不是福气！"

过了几个月，走失的那匹马居然带了一匹胡人的骏马回家，这真正是赚了，邻居都来庆贺。这位老翁却说："这未必不是祸！"

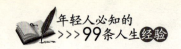

　　几个月后，老翁的儿子骑这匹胡马摔断了大腿骨，邻居们佩服老翁的料事如神之余也赶来慰问，而这位老翁却毫不在意地说："这倒未必不是福！"

　　事隔半年，胡人入侵，壮丁统统被征调当兵，战死沙场者十之八九，而老翁的儿子却因为摔断了一条腿免役而保住一命。

　　塞上老翁这种从容面对生活的平常心，带来了生活中的和谐。

　　历览古今，抱定"不以物喜，不以己悲"这样一种生活信念的人，最终都实现了人生的突围和超越。要想事业成功，年轻人更该如此。

　　从容是一种智慧，一种境界。它来自于心境的豁达与品质的笃定。生活中不要抱怨太多的曲折，大海如果失去了巨浪的翻滚，就失去雄浑；沙漠如果失去了飞沙的狂舞，就会失去壮观。当你走过风雨时，把自由的心灵放飞，让豁达宽容回归，从容地一路过去，华丽的彩蝶就会在你身边曼妙地起舞。

　　有一个男孩高中毕业后没有考上大学，被安排在本镇的一所小学里教书，结果，没到一个月就回家了。

　　母亲安慰他："满肚子的东西，有的人倒得出来，有的人倒不出来。你不会教书不要紧，也许会有更适合的事情等着你去做。"

　　后来，这个男孩干过服务生，干过促销员，做过会计，但是无一例外都半途而废了。

　　然而，每次失败回家，母亲总是安慰他，从来没有抱怨的话。

　　40岁的时候，儿子做了聋哑学校的一名辅导员，后来又开办了一家残障学校，并且还在许多城市开办了残障人用品连锁店，有了自己的一片天地。

　　有一天，功成名就的儿子问母亲："那些年我连连失败，自己都觉得前途非常渺茫，可你为什么总对我那么有信心呢？"

　　母亲的回答朴素而简单："一块地，不适合种麦子，可以试试种豌豆；豌豆也种不好的话，可以种瓜果；瓜果也种不好的话，也许能种树木。终归会有一粒种子适合他，也总会有属于它的一片收成。"

是的，在成功的道路上，我们会失败，一时的失败，并不代表什么，千万不要气馁，从容面对，多试几次，总有一粒种子适合我们。

漫步人生，既不戚戚于贫贱，也不汲汲于富贵，便自会有一份随心所欲的舒坦。酸甜苦辣都是生活的必需，被动接纳痛苦，不如主动放弃悲伤，积极迎取心灵的骄阳，人生无处不风光。

清幽岁月，面对人生，就让我们以闲看云卷云舒、花开花落的心境，用一颗平常的心坦然面对人生。

1. 知足常乐。

人的欲望无穷无尽，不能满足时，便难以快乐，因此唯有节制物质欲望，使欲望容易得到满足，才会产生快乐。把名利这些身外之物看淡些，去追寻真正生命的真谛。

2. 把握现在。

把握现在，不要为了等待而活。如果你一辈子都在等待，那么，你根本无法把握现在，享受人生。

很多事情发生了也过去了，留下很多遗憾，也许还有很多回忆，一生也不会忘记。能做的不是后悔和弥补，只能珍惜现在的一切。

3. 坚守信念。

当你做任何事时，必须坚持个人的信念。

从容，它更能使我们的意见更中肯、更客观，从而不走极端，以致伤害别人。能让我们心态端正，不心生恨意，不挑剔妒忌。对别人的肯定和赞美，发自内心，源于真诚。

人的一生，或多或少都难免有沉有浮，不会永远旭日东升，也不会永远痛苦潦倒。唯有从容不迫，在苦难来临时，我们方能处变不惊，镇定自若，不怨天尤人，并且勇于承接，敢于担当，不回避，不妥协，尽可能以自己的智慧力量才识走出困境。在挫折面前，不苟求

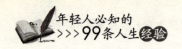

自己，不难为自己。

7. 忍耐是人生的必修课

困苦、伤痛、艰难、挫折、孤独、寂寞……几乎每一个年轻人，在人生的旅程中都会历经这样的磨难，当你不甘心命运的安排但又不能扼住自己情绪之时，你必须也只有学会忍耐。

忍耐是一泓清泉，它让绝境中的人得到生活的希望；忍耐是一首歌谣，它让孤苦无依的人获得安慰。经不起忍耐的考验，我们的人生将会是一片苍白和不堪一击。相反，忍耐过后，你会收获不一样的美丽。

黄沙漫天，寒风凛冽，在遥远的非洲的戈壁滩上，生长着一种叫作依米的小花，它忍耐了 6 年的时光，才能绽放出两天夺目的美丽。

在过去的每一个日夜里，在每一分，每一秒里，依米小花都在努力地向下扎根。

因为它知道，只有不断地扎根，不断地生长，它才能绽放出属于自己的光彩。于是，它就这样日复一日，熬过了 6 年的日夜，在生命的尽头，依米小花终于绽放出自己的精彩！那美丽的花朵虽小但夺目，即使只有两天的生命。两天过后，它便随母株一起香消玉殒了。

由于气候干旱，土地贫瘠，更何况这种小花只有一条根吸收水分。在 6 年时间里，炎炎烈日烧灼它，漫天风沙肆虐它，然而依米小花毫不气馁。在默默等待、默默生长，它知道，总有一天，根须深入到一定程度自己就会绽放绚丽的花朵。

依米小花用生命的轨迹向我们昭示，只有忍耐，才能美丽，只有忍耐才终有成就。

186

世间万物的美丽，是在痛苦和泪水中孕育，在忍耐的土壤里生根、发芽、开花。只有学会忍耐，在沉默中积蓄力量，才能完成美的升华。

年轻人，你们的人生就像是一朵含苞待放的花朵，忍耐过了孤独、无助、挫折、打击与痛楚后，生命之花才得以绚丽开放。

忍耐是一种眼光，忍耐是一种领悟，忍耐是一种人生的技巧。学会忍耐，是人生的一种基本谋生课程。懂得忍，很多人都能把情绪收放自如，这个时候情绪已经不仅是一种感情上的表达，而且成了攻防中作用的武器。有些人不懂得忍，掌控不住情绪，不管不顾发泄一通，产生一些非理性的言行举止，轻则误事受挫，重则毁了一生。

王剑是一个刚刚毕业的研究生，刚到公司不久。由于他是新人，很多人都喜欢叫他"菜鸟"，但由于他自尊心比较强，对别人这样叫他心里总是不服气。

因为工作上出了一点差错，王剑被主管批评了一顿，他心里一直耿耿于怀，加之他认为公司的同事大都看不起他，使他产生了报复心理。再接下来的工作中，一次，同事不小心撞了他一下，他拿起凳子就往同事的头上砸去。

同事得了脑震荡，他也因故意伤人罪而被判入狱。

俗话说："忍一时风平浪静，退一步海阔天空。"年轻人在很多时候，都需要忍耐：学学韩信忍得胯下之辱；学学张良能忍圯上拾履。忍耐不是弱者的音符，它是强者的形象。忍耐是一种智慧，也是一门为人处事、获取成功的大学问。

如何学好人生这门必修课呢？

1. 默念法。

忍耐是人的一种品质，也是一种意志。当情绪来临时，控制自己的情绪，方法有心中默念法，就是鼓励自己，一定要控制自己，多训练几次，你就很容易控制自己的情绪了，可以做到不动于心了。

2. 打压法。

当自己的情绪出现暴躁、愤怒时，这时把这些硬压下去，将它扼杀在萌芽状态。

3. 假想法。

每当出现情绪上不能控制自己时，不要立即宣泄自己的情绪，先深呼吸，然后用假想说话这种方法来化解不良情绪。如果有兴趣，你也可以尝试一下。如当你要发火时从一数到十再发，这样也许会好点，你就很容易控制自己的情绪了。

8. 让镇定成为你的习惯

遇事不惊，处事不乱。平淡是真，风愈大，心如止水。对人生而言，学会镇定是一笔宝贵的财富。保持镇定的习惯，我们会以豁达心胸面对起伏的人生，有了平淡心境，精神不会颓废、意志不会消沉、处世不会浮躁、人生轨迹不会偏颇。心素如简，人淡如菊。遇事，你能做到淡定。

心态的平静，是智慧的一块美玉。它是人们绽开的花朵，是心灵的甜美果实。在真理的海洋中，狂风暴雨对它鞭长莫及。镇定的人生，存在于永恒的宁静。

其实每个成功人士，没有不经历困难和危险，只不过他们之所以能成功，因为他们能够遇事不惊，在困难面前能够保持心情宁静，并冷静去解决处理这些事情。

春秋时期的晋文公对吃的特别讲究：一方面是口味，另一方面是卫生。

有一天，晋文公在吃可口的烤肉时发现了一根长长的头发，他于是大发雷霆，令侍卫把厨师抓来，指着头发问：肉上缠着头发，你想噎死寡人吗？

厨师仔细一看，肉上果然缠有头发，于是不慌不忙跪下说："小人有三条死罪，请允许小人说完后定我死罪，灭我九族。"

其一是小人的刀磨得飞快，切肉时非常顺利，切成一片一片的，不拖泥带水，但就是切不断头发。

二是小人烤肉时用铁钎把肉一片一片地穿起来，每一片肉都看得清清楚楚，就是看不到头发。

三是小人把火烧得太旺，把肉都烤熟了，油都流出来了，但就是烧不断头发。这是小人的三条死罪，请陛下定罪。

聪明的晋文公看到厨师镇定自若，不慌不忙，这时自己也平复了情绪。于是明白了，这根头发是烤熟后被别人缠上去的，是有人要陷害厨师。然后晋文公派人立即调查，果然宫内一侍从因忌妒厨师的优厚待遇想取而代之，遂蓄意陷害。晋文公遂将缠头发之人定死罪，将厨师官升三级，待遇翻三番。

在君主发怒时，厨师能泰然若定处变不惊，使君主得以查明真相，保住了自己的小命。试想如果在晋文公发怒时，厨师不能控制自己的情绪，稍不留神就会引来杀身之祸。

《菜根谭》中说："宠辱不惊，看庭前花开花落；去留无意，望天上云卷云舒。"寥寥数语，却深刻道出了人生对待事物应有的态度：得之不喜、失之不忧、宠辱不惊、去留无意。这是一种镇定的心态。

镇定是一种胆识，更是一种心理谋略。于镇定中思索谋事，能够剔除因惊慌失控的心理影响而导致的对策失误。

在泰国，一天，有一位太太请客。大家围着桌子坐着，一面吃喝，一面说笑。忽然女主人把女佣人叫来，低声吩咐了几句话。女佣人听了脸色发白，急忙跑了出来。

不一会儿，女佣人端了一碗热牛奶，匆匆穿过客厅，把牛奶放在

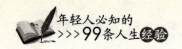

了阳台上。客人都觉得很奇怪，可女主人仍然有说有笑。又过了一会儿，女佣人把阳台的门紧紧关住，长长地舒了口气。女主人说："好了，现在大家都安全了。"

客人问女主人到底是怎么回事。她说："刚才我们桌子底下有一条眼镜蛇，不过，我现在已经把它关在门外了。"

客人都吓了一跳。女主人说："眼镜蛇来的时候，我不敢惊动它，也不敢告诉你们，只好假装没有事。因为眼镜蛇最喜欢喝牛奶，所以我让人把一碗热牛奶放在阳台上。它一闻到牛奶味，就会跟去。女佣人看见眼镜蛇到阳台上去喝牛奶，就马上把门关起来了。"

一位客人说："你怎么知道眼镜蛇就在桌子底下的？"她说："我能不知道吗？眼镜蛇就盘在我的脚上呀！"

另一位客人说："你为什么不喊我们帮忙呢？"她说："我一喊，你们必定会慌乱起来。大家一动，蛇受了惊，只要咬一口，我的命就完了。"

生活中，每个人都难免遇到一些突发事件，这时，只有保持镇定，冷静分析，我们才能选择有效的解决方法。如果当时女主人慌乱行动，那么大家一定会被恐惧俘虏，结局可想而知。

年轻人在日常生活、工作中遇到困难的时候一定要镇定自持，临事不乱。久而久之，面对困难你就能冷静、正确地泰然处之。所谓"积久成天性，习惯如自然"讲的就是这个道理。

那么年轻人到底应该怎样才能保持镇定的习惯呢？

1. 首先深呼吸，放轻松。

其实要遇事镇定，就是要头脑清醒，要理智，不要乱了自己的阵脚，集中精神想办法。遇事时一定要先深呼吸，稳定心态。遇到事情时不慌不忙，要知道越是慌就越是容易出错，所以要平静下来。最好的办法就是想你现在做的事就是需要你的冷静深思熟虑才可以完成的，这样就会放松许多。

2. 多接触一些镇定的人。

多接触一些镇定人，多学点他们处理事情的心态，接受那些镇定情绪的感染，增强情绪自我镇定的能力。镇定的习惯自然就会慢慢养成了。

3. 加强自身修养。

镇定的获得，是一个人长期自我修养成，提高内在的修养的结果。只有抓住了这一点，并不断改造、完善自己，才会在社会生活中、事业上进退自如，通行无碍。

要坚持个性镇定的塑造，就要不断加强学习和实践。在现实工作、生活中注重摸索其固有规律，积累经验。这样才能做到以不变应万变，"怀抱常存见识在，管它东西南北风"。

9. 别让抱怨囚禁了自己

牢骚满腹，喋喋不休地抱怨，积怨满天飞。如今越来越多的年轻人开始加入到"抱怨大军"的行列中。有太多的理由让他们抱怨：受雇于他人，加薪没份、升职无门；或者感叹自己才高八斗、学富五车，千里马常有，而伯乐不常有……他们在日复一日的抱怨中，徒增岁长，而技能没有丝毫长进。

每个人的生活，都多多少少有不如意的地方，或者是你怀才不遇；或者是你的付出远多于你的收获……于是我们的生活总少不了抱怨。但是试问：抱怨能让你摆脱现状吗？抱怨能解决问题吗？答案当然是否定的。

《伊索寓言》中记载了这样一个故事：

有一头老驴，掉到了一个废弃的陷阱里，很深，根本爬不上来，

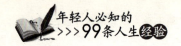

主人看它是老驴，也没去救它，就任其自生自灭了。每天还不断地有人往陷阱里面倒垃圾。

按理说老驴应该很生气，应该成天抱怨：自己倒霉掉进了陷阱，主人也不要它，就算死也不让它死舒服点儿，每天还有那么多垃圾从头上扔下来。

那头驴一开始也放弃了求生的希望。可是有一天，它决定改变它的人生态度，它每天都从垃圾中找到能维持自己生命的残羹剩饭，把"无用"的垃圾踩在自己脚下，而不是被垃圾所淹没，终于有一天，它重新回到了地面上。

这个故事告诉我们碰到事情，最不应该抱怨，我们要想办法改变自己的处境。如果我们整天抱怨，不去改变，我们的事业只会一天天缩小，直至消亡。

所以，年轻人必须要明白：无度的抱怨于事无补，并且只会让事情变得更糟。如果你想要成就一番事业，你就必须去寻找克服困难，冷静乐观地面对种种遭遇，借此克服自身的种种缺陷，命运最终会向你低头的。

一个胸怀大志的青年决定打拼出一片宽广的天地，可是命运似乎在跟他作对，让他接二连三地受到打击。看着自己的血汗一次又一次付诸东流，他都快崩溃了。

偶然一天他见到当地赫赫有名的大智慧家，于是忙不迭地向他请教："大师，我一心想有所成就，可不知为何总是遭遇挫败，我就快无法承受了，请您告诉我，怎样才能成功呢？"智者想了想，便从桌上拿起一粒花生递到他的手中："你现在就是这粒花生，你的手就相当于命运。"

青年听了，大惑不解地望着智者，只听智者接着说道："请你使劲儿捏一捏它。"青年使劲一捏，花生壳碎掉了，露出了里面红红的花生仁。

"你再使劲儿揉揉它。"智者又吩咐道。青年照做了，结果，花生仁的红皮被他捻掉了，露出了里面白白的果实。

"现在，请你再捏一捏它或者揉一揉它。"智者再次说道。这回，无论青年怎么用力地捏或揉，都无法再毁坏那粒白色的种子了。

"看见了吗？屡遭挫折，内心却依然坚强，最终命运也无法再把你怎样。到那时，你还会不成功吗？上帝之所以还安排苦难给你，是因为你还有弱点，而它们正是你成功的绊脚石。冷静乐观地面对种种遭遇，借此克服自身的种种缺憾，命运最终会对你无可奈何的。到时候你还会不成功吗？"

智者微笑着点题道，青年蓦然醒悟。

有人曾经说过："有所作为是生活中的最高境界。而抱怨则是无所作为，是逃避责任，是放弃义务，是自甘沉沦。"不停地抱怨只会破坏我们头脑中所有积极向上的态度，抱怨久了很容易产生懈怠意识。这样不仅影响了我们心情，耽误工作的进度，还会养成一种惯性，导致恶性循环。

优秀的人，绝不抱怨。职场是实现人生意义的地方，当困难出现的时候，请停止抱怨，积极面对，行动起来，做个勤奋的人，别让抱怨囚禁了你。

你是否还在因身边的琐事而抱怨呢？如果是，那么光在背地里唉声叹气、指责抱怨，是没用的。比尔·盖茨说："与其在那里抱怨命运，不如去改变它。"

如何让我们远离抱怨？

1. 自我反省。

远离抱怨，遇事反省自己。在现实世界中，有太多的人虽然受过很好的教育，并且才华横溢，但在公司里却长期得不到提升，为什么呢？主要是因为他们不愿意自我反省，总是埋怨环境，对工作抱怨不休。

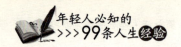
当遇到不顺心的事情时，如果人们都先从自己的身上挑毛病的话，也许情况就能改变很多。

成功向来都是属于懂得自我分析和反省的人的，凡事先找自己的原因不仅显得谦虚还能不断地提高自己。只有这样，我们才能朝着成功的方向一步步迈进。

2. 学会淡泊。

对于抱怨，大多是由于各种欲求没有实现而产生的各种不满情绪。因此，生活中不要把名利看得很重，不要那么斤斤计较。否则，容易导致心理失衡。

3. 向人倾诉。

当我们的不满情绪困得太多就会产生抱怨，这时找个人向他倾诉出来，这样心胸自然会很明朗。

因此，年轻人只要有一个更加平和，更加包容和开放的心态，多内省自我的不足，努力改进和提升自己，多付诸行动和实践而不是把问题停留在嘴上，这些都是远离抱怨的方法。

10. 情商比智商更重要

有研究表明：所有影响成功的因素中，智商因素只占 20％，出身、环境、机遇等占 20％，情商占 60％。可见，高情商对于事业的成功更重要。

所谓情商，又称情绪智力，它主要是指人在情绪、情感、意志、耐受挫折等方面的品质。是测定和描述人的"情绪情感"的一种指标。具体包括情绪的自控性、人际关系的处理能力、挫折的承受力、自我的了解程度以及对他人的理解与宽容。

这是一种发掘情感潜力、运用情感能力影响生活各个层面和人生未来的关键性的品质要素。高情商是成功人士所必须具备的。

曾经有位记者刁难一个企业家："听说您在大学时某门课重修了很多次仍旧没有通过。"

这位企业家平静地回答："我羡慕聪明的人，那些人能成为科学家，工程师，律师，等等。要成为卓越的成功者，不一定智商高才可以获得成功的机会，如果你情商高，善于发掘身边的资源，甚至利用有限的资源拓展新的天地，滚雪球似的积累自己的资源，那么，你也将走向卓越。"

情商对于一个人如此重要，那么如何提高自己的控制能力，如情绪呢？

1. 加强思想修养。

人的自制力在一定程度上取决于他们的思想素质。一般来说，具有崇高理想抱负的人决不会为区区小事而感情冲动产生不良行为。因此，要提高自制力最根本的方法是树立正确的人生观、世界观，保持乐观向上的健康情绪。

2. 提高文化素养。

一般来说，一个人的文化素养同其承受能力和自控能力成正比。文化素质比较高的人往往能够比较全面正确认识事物，认识自我和他人的关系，自觉地进行自我控制、自我完善。

3. 稳定情绪。

用合理发泄、注意力转移、迁移环境等方法，把将要引发冲动的情绪宣泄和释放出来，保持情绪稳定，避免冲动。

4. 要强化自我意识。

遇事要沉着冷静，自己开动脑筋，排除外界干扰或暗示，学会自主决断。要彻底摆脱那种依赖别人的心理，克服自卑，培养自信心和独立性。

5. 要强化实践锻炼。

一方面要加强学习，积累知识，开阔视野，用知识来武装和充实自己，提高自己分析问题和解决问题的水平，并通过学习别人的经验来扩展自己决断事情的能力；另一方面，要积极投身到生活实践中去，刻苦锻炼，不断丰富经验，提高自己的适应能力。

6. 要强化意志力量。

要培养自己性格中意志独立性的良好品质。对自己奋斗的目标要有高度的自觉。只要你经过自己的实践认准的事，就应义无反顾地走下去，想方设法达到预期目的。不必追求任何事情都做得十全十美，不必苛求自己没有一点失败，不必过多地注意别人怎样议论你。

7. 调整好需要结构。

当需要不能同时兼顾时，抑制一些不可能实现的需要。如古人所云："鱼我所欲也，熊掌亦我所欲也，两者不能兼得，舍鱼而取熊掌也。"

8. 要强化积极思维。

俗话说："凡事预则立，不预则废。"平时注意经常思考问题，增强预见性，关键时刻才能及时、果断、准确地做出选择。

第八章

年轻人，想成功，要使用正确的方法

拿破仑曾说："不想当将军的士兵不是好士兵。"现实生活中每个人都想成功，成功的人却只有20％，为什么80％人的命运掌握在那些20％人的手里呢？

成功光靠努力是不够的。成功是需要方法才能实现的。

年轻人成功路上布满荆棘，对刚刚踏入社会的你，想要快速成功确实很困难。但身在职场的你，成功路上是有方法的。

1. 切勿眼高手低，从小事成就大事

荀子在《劝学篇》中说："不积跬步，无以至千里；不积小流，无以成江海。"意思是说：行程千里，都是从一小步一小步开始的；无边江河，都是一个个小溪小河汇聚而成。

同样的道理，要想成就一番大事业，需要有一个漫长的过程，无疑也需要从小事做起。要想出人头地，成为比别人更高一筹的人，最为重要的就是要能够从小事做起，做他人不愿意做，做别人认为最低下、最卑微的事情。千万不能眼高手低，做好每一件小事是你走向成功道路的一大步。

现实中，经常看到这样一些年轻人，他们在任何一家公司待的时间都很短，他们的年纪不小，但永远是职场上的"新人"。他们总是觉得自己能力超群，不愿干小事，无可奈何之下，就离开再跳槽到另一家。几年下来，没有练就一项专业特长或技能，没有积累任何经验，最终一事无成。这些人在工作的时候，往往瞧不起那些小工作，即便是做了，也不是心甘情愿，总觉得自己被屈才了，受委屈了。结果大事没做好，小事也没干成，什么成就都没有。这种人往往自认为自己身怀雄才大略，却因为缺乏踏实、肯干的心态无法受到领导的器重。

然而，可以试想，一屋不扫，何以扫天下？小事情做不好，如何做成大事情呢？想做大事，就一定要有做大事的能力和心态，而这种能力则是经过一点一滴的不断积累而成的，并非学到什么就可以马上用到工作中去。如果你每天总是想着一些不切实际的"大事"，不仅实现不了你的雄心壮志，连自己面前的饭碗都有可能保不住，即便你已经受到了重用，也要从小事情做起。如果总是眼高手低，最终只能以失败告终。

天上不会掉下馅饼，从来没有不需要付出任何辛苦努力的工作，也没有唾手可得的收获。工作需要你付出体力、智慧和时间。只有乐意主动吃苦，锻炼自己，才有可能得到应得的利益。你的吃苦耐劳带给企业的是业绩的提升与利润的增长，而带给你自己的则是知识、技能、才干、技能和经验的积累和增长，还有源源不断的机会。当然，还有源源不断的财富的增长。

高峰是一家上市公司的董事长，在过去10几年的经验积累之中，他将自己规模不大的饭店发展成为当下的上市公司。在接受媒体采访时，他深有感触地说起了自己的成长经历：

在刚刚毕业上班的时候，高峰到一家饭店去上班。公司从原材料的购买、制作、生产到送到客户的手中，所有的生产流程高峰都经历过，刚开始觉得很苦，但是经过很长一段时间后，高峰熟悉了有关饭店的所有流程，同时还要与客户交流沟通，经受各种酷暑和体力劳动的考验磨炼了自己的意志。从此，他开始认真学习一个个锻炼和接受考验的机会，逐步参与公司的管理。

高峰在饭店开始一丝不苟地工作，十分注意观察和了解饭店的生产流程、掌握生产原理，并与员工聊天不断地拉近与他们之间的距离，遇到体力活动，他会动手搬运、推车、打件等这些极为细微的工作。但是他觉得正是那一个月的辛苦，才让他更彻底、更详细地了解了饭店的运作流程以及各个部门的生产细节，这为他以后改进饭店的经营奠定了坚实的基础，也是他将企业做大做强的基础。

由此可见，一个人的才能和经验都是从基层的各种细节工作做起的，只有脚踏实地，一点一滴不断积累，才能够一步一步地迈向

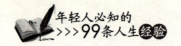

成功。

阿里巴巴首席执行官马云在接受一次采访时说："所有的 MBA 进入公司之后，首先都要从最基层的销售员做起，如果在 6 个月之后能够留下来，就可以继续留任。因为我想给他们更多的时间进行历练，只有沉得低，才能够跳得高。"

不要让眼高手低束缚了你的手脚，在工作中每一件事，不论大小都值得用心去做，而且对于那些小事更应该如此。那些在事业上取得一定成就的人，他们无一不在忠实地履行日常工作职责，在简单的工作和低微的职位上一步一步走上来的。他们总能在一些细小的事情中找到个人成长的支点，不断调整自己的心态，用恒久的努力打破困境，走向卓越与伟大。

其实，这个世界上从来就没有一蹴而就的事情，任何工作都不如自己想象的那么容易，也都有不尽如人意的地方，作为一个有责任的人，有着强大动力的人，勇于从小事做起，敢于吃苦，在小事中不断地磨炼、堆积自己的才干，才能迎来更加美好的职业前景，登上事业的高峰。

西方有句名言："罗马不是一天建成的。"那么作为职场的年轻人如何才能做到不眼高手低呢？

1. 培养做小事的心态。

在现实生活中，大事都是由小事构成的。看不起小事，不愿意做小事相对应的是看不起自己的工作岗位。如果连自己的工作岗位都不喜欢，如何去成就大事呢？

因此，年轻人应该培养积极的心态，从小事开始，把小事做漂亮、做精致。

2. 进行小事的实际操练。

"合抱之木，生于毫末。九层之台，起于垒土。"世界上再难的事情，再宏大的工程，也都可以分解成细小的具体事情。要想做成大事情，就必须把分解后的每一件小事情做好，所以任何事情都要从一开始做起，只有从一做起，才能做到二、做到三，才能最终成功。

总之，年轻人在完成小事的过程中，不断总结经验教训，提高自身能力，为做大事做好铺垫。一旦你养成了把小事做好的习惯，并对它及时地进行总结，那么你便有了做成大事的基本要素，一旦时机成熟，便可成就大事。

2. 耐得住寂寞，经得起诱惑

17年蝉蛰伏17个秋冬，才得到一个夏天的释放。在奋斗的道路上，年轻人通常需要度过两个关口：一个是寂寞关，一个是诱惑关。在未能预见自己未来的道路上，要锲而不舍、孜孜不倦；在纷至沓来的诱惑面前，要坚守自我，不为所动。

寂寞是一段无人陪伴的行程，寂寞是一座孤独的小岛，寂寞是茫茫大海中的一叶孤舟，它使空虚的人孤苦，使浅薄的人浮躁，使睿智的人深沉。

人生要耐得住寂寞，才能造就一番伟业。

华人著名导演李安是华人迄今唯一获得奥斯卡最佳外语片奖的导演，更是亚洲迄今唯一获得奥斯卡最佳导演奖的导演。曾经在面对电影事业的选择的时候，他有过7年的寂寞的坚守，这7年是他平庸的7年，但他并没有因此而放弃自己心爱的电影事业。

1984年从纽约大学毕业后，李安没能找到一份与电影有关的工作，不得不赋闲在家，靠仍在攻读博士的妻子林惠嘉微薄的薪水度

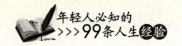

日。李安每天坚持除了在家里大量阅读、大量看片、埋头写剧本以外，还帮人家拍拍小片子、看看器材、做点剪辑助理、剧务之类的杂事。

1990 年，李安完成了剧本《推手》，获台湾地区优秀剧作奖。由于《推手》的成功，李安再次获得了执导电影的机会，以后还不断地拍出了《卧虎藏龙》、《断背山》、《少年派的奇幻漂流》等一系列享有国际声誉的电影，最终成为享誉国际的知名导演。

日后回忆起这段难熬的生活，李安至今仍然十分痛苦："我想我如果有日本丈夫的气节的话，早该切腹自杀了。"

许多年轻人都怕寂寞。但是只有经过了寂寞，才能给予人生难得的体验。这是磨砺，是财富。

人生一定要耐得住寂寞、更要经得起诱惑。这是一个物欲横流的时代，面对"镜花水月"似的诱惑，年轻人，始终应守住自己的操守，始终守住自己的底线，不能丧失了原则和立场，更不能让欲望无限制地膨胀。

汪国真的《旅行》中说："凡是遥远的地方，对我们都有一种诱惑。不是诱惑于美丽，就是诱惑于传说，即使远方的风景，并不尽如人意，我们也无须在乎，因为这实在是一个迷人的错。愿所有的幸福都追随着你，月圆是画、月缺是诗。"玫瑰丛中，时有荆棘；名利背后，常有陷阱，拒绝诱惑，纵然是落寞一时，但能幸福一生。

耐得住寂寞是一种智慧、一种修养，是人生旅程的驿站；经得起诱惑是一种品格、能力是唤醒理性的天籁。生活告诉我们：放纵自己的人，必将失去自由，耐得住寂寞、经得起诱惑的人，必将开出成功之花。

在前进的道路上，年轻人注定要独行，有黑暗、孤独，也有繁花似锦的大千世界，唯有在诱惑中坚守、进取、升华，才不会在寂寞中堕落、迷失、蒸发。那么，对于刚刚涉世的年轻人来说如何才能在前进的路途中耐住寂寞，经得起诱惑呢？

1. 培养自己的独立生活能力。

在校园生活中，年轻人靠父母、老师、同学的陪伴，而工作后，往往要自己独立处理一切日常事务。所以，对于刚刚踏上工作岗位的你，要培养独立生活能力，在黑暗、孤独、无助中，你才能耐得住寂寞。

2. 培养自己的忍耐能力。

寂寞才能开出成功之花。在命运的航程中，无疑每个人都是独行者。在漫长的人生路途中，年轻人要学会忍耐寂寞，同时也不忘抵御诱惑的能力。

3. 敢于向别人推销自己

历史上有这样一则故事：

战国时候，赵国都城邯郸被强大的秦国军队重重包围，危在旦夕。为解救邯郸，赵王派平原君去游说楚国共同抗秦。平原君要选20个有能力的人陪同前往，但只选中了19人，就在这时，有一位宾客不请自到，自荐补缺。他就是毛遂。

平原君上下打量了一番毛遂，问道："你是什么人？找我何事？"

毛遂道："我叫毛遂。听说为了救邯郸你将到楚国去游说，我愿随你前往。"

平原君又问："你到我这里，有多长时间了？"

毛遂道："3年了。"

平原君说："3年时间不算短了。一个人如果有什么特别的才能，就好像锥子装在囊中会立刻把它的尖刺显露出来那样，他的才能也会很快地显露出来。可你在我府上已住了3年，我还没听说你有什么特殊的才能。我这次去楚国，肩负着求援兵救社稷的重任，没有什么才能的人是不能同去的，你就留下来好了。"

毛遂充满自信地回答道："你说得不对，不是我没有特殊才能，而是你没把我装在囊中。若早把我装在囊中，我的特殊才能就像锥子那样脱颖而出了。"

从谈话中，平原君似乎觉得毛遂确有才能，于是接受了毛遂的自荐，前往楚国。

到了楚国后，毛遂软硬兼施，最终使楚王答应与赵国联合抗秦，达到了此行的目的。

没过3天，毛遂的名字在赵都邯郸便家喻户晓了。

毛遂此来，因是自荐，因而成就了自己的名声。人的成功是要靠自己去争取的。如果你有能力，就应该自告奋勇地去争取那种许多人无法胜任的任务，你成功的机会也将会大大增加。

是的，人要想成功就要尽量把自己推荐出去，而绝不能把自己包裹、收藏起来或是自恃自己的才能坐等伯乐的赏识。其实，人生也只有像毛遂敢于把自己推荐出去一样，才能获得意想不到的成功！

在日常生活、工作中，有一些刚刚步入社会的年轻人，非常有能力，但没有得到重用，经常怨声载道。

这些人虽然有能力，但由于不愿自我推销，因此错过了机会，没有好好地展示自己。如此的坐等时机，皇帝的女儿也会愁嫁。

戴尔·卡耐基说："不要怕推销自己，只要你认为自己有才华，你就应当认为自己有资格担任这个或那个职务。"千里马常在，而伯乐不常有。无论你现在从事何种职业，无论你现在身居何处，无论你正在做什么事情，你都应忙着把自己推销出去。

推销自己是一门技术，也是一门艺术。并不是每个人都懂得如何推销自己，如果你不知道如何下手，可以尝试如下诀窍：

1. 增加你的自我价值。

自我价值就是对自我的肯定，对自我的接纳程度和喜欢程度。我们胆小、懦弱，害怕被拒绝，缺乏自信和勇气，其中一个主要原因就是自我价值低。

提高自我价值，其核心就是增强自信，关键就是个心态问题。其最有效的方法是积极的心理暗示。

心理学家做过一个实验，把两组完全相同的人像，一组人像下写上"凶恶"、"残暴"、"阴险"、"狠毒"等消极的词语，另一组的下面则写上"正直"、"勇敢"、"坚强"、"无私"等积极的词语。

然后请两组测试者分别对两组人像作职业估计。结果前一组人像的职业估计大多是罪犯、歹徒等，后一组的职业估计则多是军人、警察等。

因此，我们用"语言"，用"图像"在我们的心上写什么，我们就将是什么。

2. 培养良好的口才。

拥有良好的口才，可以帮助自己用语言打开一片广阔的天地。毛遂通过三寸不烂之舌，使平原君答应了他的要求。

3. 善于展示自己。

向别人推销自己就是为了要别人能接受你、肯定你，接受你的理念、做事的方法、你的能力等，如果具备了一种能力条件，却没有很好地展示，也得不到别人的肯定和认可。因此，年轻人要善于展示自己。

4. 面试是推销你最常见的方式。

对于刚刚走出校园的大学生来说，展现自己实力的舞台是职场，但是要想获得领导的认可，就要懂得在面试中推销自己。那么，如何在面试中推销自己呢？

首先，保持自信。应试者在面试前树立了自信，在面试中才能始终保持高度的注意力、缜密的思维力、敏锐的判断力、充沛的精力，夺取答辩的胜利。

其次，保持愉悦的精神状态。愉悦的精神状态，能充分地反映出人的精神风貌。反之，就会给人一种低沉、缺乏朝气和活力的感觉。

再次，语言简洁流畅。在面试中，语言要有条理性、逻辑性，讲究节奏感，保证语言的流畅性，切忌含含糊糊，吞吞吐吐。

最后，主动大方。积极主动地回答面试官的问题，大方地与人接触，努力地寻找话题。不要害羞、胆小，切勿畏畏缩缩。

4. 学会面试，把握机会

当今社会，毕业大军一批接着一批，犹如潮水之势涌入社会，如何使年轻的你披荆斩棘，在茫茫人海中，高人一等，寻找机会实现自己的理想呢？这就要懂得必要的求职技巧——把握机会。

面试关系到未来的前途问题，一个难得的机会一步步正向你慢慢地靠近，你可以有机会充分展现你的才华，用自己的知识能力来把握自己的命运。面对自己喜欢的工作，每一个应聘者都希望得到主考官的认可，从而得到一份梦寐以求的工作。

如果你获得了面试机会，就标志着你已经在激烈的竞争中击败了很多对手，但这离最后成功还有很长的一段距离，此时，你也要收起你的喜悦之情，不可掉以轻心，因为你将面临更加激烈的竞争，所以当你接到面试通知后，要学会调整自己的心态，并做好足够的心理准备，直至面试的胜利。

小华刚刚大学毕业，在经过了一个多月的投递简历后，小华终于获得了一家不错单位的面试通知书，小华十分高兴，兴奋之余小华开始冷静，他明白这只是刚刚开始，要想进入这家公司工作，还有一段很长的距离。于是，他静下心来，在距离面试还有三天的时候，他已经做好了一切准备。准备，使他从容，而不是哆哆嗦嗦；准备，使他自信，而不是心虚气短；准备，使他自如，而不是畏畏缩缩。充分的准备，使小华顺利通过了公司的面试，进入广告策划部工作至今。

许多刚刚毕业的大学生，往往把面试的过程想得太简单，结果没有做好准备工作，而被淘汰出局了。小华的成功说明了在面试前做好准备是非常重要的，与可画竹，胸中有成竹，有充分的把握，才不会慌乱，机会才不会白白地流失。

机会来临之时，做好事前的准备是非常必要的，尤其是对于刚刚踏入社会，没有经验的年轻人来说是至关重要的。

面试机会来之不易，做好面试前的准备是非常重要的，但是在面试过程中如何获得面试官的青睐，你需要掌握以下技巧：

1. 提前到场。

每一个公司的老板都不希望自己的员工迟到，尤其对于初试者，面试时提前到达面试现场，留给自己富裕的时间，做面试前的各项准备：稳定情绪、检查仪表，以免仓促上阵，手忙脚乱。

2. 面带微笑。

卡耐基说："笑是人类的特权。"微笑是最好的名片，为日常生活

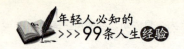

及其社交活动增光添彩，微笑赋予人们亲切友好最具美感的表情。

在面试过程中，微笑是职场制胜的法宝。微笑可以让你处于轻松的状态，微笑可以拉近你与面试官之间的距离，从而留给面试官良好的印象，增加获得工作的机会。

3. 目光交流。

古来就有"眉目传情"一说。目光接触也是一种情感交流重要的因素。人们相互间的信息交流，总是以目光交流为起点。与面试官交谈时，应始终保持目光接触，表示对对方的尊重；目光与表情要和谐统一。

4. 多听少说。

善于倾听才是成熟最基本的素质。在面试过程中，切忌多说与面试官所说无关的东西，要善于倾听，避免回答问题时，陷入走题、跑题的尴尬。

5. 离别别忘告别。

很多人觉得，当面试官将所有问题问完以后就什么问题也没有了，这时有这种想法你就错了。其实，在面试结束后，直至你离开的这一段时间里，考官的思维还是处于观察你的阶段，因此，你不能放松，等到面试官离开后方可以离开，并向面试官告别说："谢谢，再见!"

5. 抓住最好的时机，绝不错过

现实生活中大多数年轻人都曾有过这样或那样的错过……错过之后给自己心中留下很多的遗憾。你曾经以为，当我再买第二批苹果的时候，再吃第一批，但当你买了第二批时，第一批已经开始腐烂，再也品尝不到它们香醇可口的味道了。

在工作上，很多年轻人感悟人生：我没有抓住可以晋升的机会，现在为时晚矣！工作中的机会，也正如苹果一样是有保存期限的。机会一旦错过，就升职无望，加薪无门了。

时机可以改变人的命运。人这一生，实在没有太多机遇供你去把握，一次的错过足以让你身败名裂，当然，一次的把握也足以让你辉煌一生。

公元前206年，项羽大破秦军后，听说刘邦已出咸阳，非常恼火。

范增便命项羽设下"鸿门夜宴"一计诛除刘邦。

刘邦深知这鸿门宴是个虎狼豺豹之地，但又不得不去，赴会也许能有生机，刘邦无奈只得应约前往。

鸿门宴当日，范增早已布下天罗地网，定要把刘邦人头留下。

宴会期间，范增便命项庄舞剑，乘机除掉刘邦，"项庄舞剑，志在沛公"。在这期间，有很多次机会可以除掉刘邦，可是项羽左顾右盼，犹豫不决。

最终，被项伯和樊哙给刘邦解了围，刘邦终于借如厕逃遁而去。

公元前202年，项羽败北，被困于垓下，在乌江自刎而死，刘邦建立汉朝，是为汉高祖。

世界上有许多成事之人，并不一定是因为他比你会做，而仅仅是因为他们抓住了最好的时机。鸿门宴上，犹豫不决让项王错失了杀刘邦的好机会，霸王或许会感到后悔，可当四面楚歌之声响起，一切都晚了。

一天，在西格诺·法列罗的府邸正要举行一个盛大的宴会，主人邀请了一大批客人。就在宴会开始的前夕，负责餐桌布置的点心

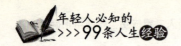

制作人员派人来说，他设计用来摆放在桌子上的那件大型甜点饰品不小心被弄坏了，管家急得团团转。

这时，西格诺府邸厨房里干粗活的一个仆人走到管家的面前怯生生地说道："如果您能让我来试一试的话，我想我能造另外一件来顶替。""你？"管家惊讶地喊道，"你是什么人，竟敢说这样的大话？""我叫安东尼奥·卡诺瓦，是雕塑家皮萨诺的孙子。"这个脸色苍白的孩子回答道。"小家伙，你真的能做吗？"管家将信将疑地问道。"如果您允许我试一试的话，我可以造一件东西摆放在餐桌中央。"小孩子开始显得镇定一些。仆人们这时都显得手足无措了。于是，管家就答应让安东尼奥去试试，他则在一旁紧紧地盯着这个孩子，注视着他的一举一动，看他到底怎么办。这个厨房的小帮工不慌不忙地要人端来了一些黄油。不一会儿工夫，不起眼的黄油在他的手中变成了一只蹲着的巨狮。管家喜出望外，惊讶地张大了嘴巴，连忙派人把这个黄油塑成的狮子摆到了桌子上。

晚宴开始了。客人们陆陆续续地被引到餐厅里来。这些客人当中，有威尼斯最著名的实业家，有高贵的王子，有傲慢的王公贵族们，还有眼光挑剔的专业艺术评论家。但当客人们一眼望见餐桌上卧着的黄油狮子时，都不禁交口称赞起来，纷纷认为这真是一件天才的作品。他们在狮子面前不忍离去，甚至忘了自己来此的真正目的是什么了。结果，这个宴会变成了对黄油狮子的鉴赏会。客人们在狮子面前情不自禁地细细欣赏着，不断地问西格诺·法列罗，究竟是哪一位伟大的雕塑家竟然肯将自己天才的技艺浪费在这样一种很快就会融化的东西上。法列罗也愣住了，他立即喊管家过来问话，于是管家就把小安东尼奥带到了客人们的面前。

当这些尊贵的客人们得知，面前这个精美绝伦的黄油狮子竟然是这个小孩仓促间做成的作品时，都不禁大为惊讶，整个宴会立刻变成了对这个小孩的赞美会。富有的主人当即宣布，将由他出资给小孩请最好的老师，让他的天赋充分地发挥出来。

西格诺·法列罗果然没有食言，但安东尼奥没有被眼前的宠幸冲昏头脑，他依旧是一个淳朴、热切而又诚实的孩子。他孜孜不倦地刻苦努力着，希望把自己培养成为皮萨诺门下一名优秀的雕刻家。

机会不会自动地找到你，你必须不断而又醒目地亮出你自己吸引别人的关注才有可能寻找到机会。但是第一步必须让人发现你，进而赏识和信仰你。因此，你必须勇于尝试，一次次地去叩响机会的大门，总有一扇会为你打开的。

机不可失，失不再来。生命属于你，它需要热情；机遇却不一定属于你，它拒绝冷漠。现实中，很多年轻人，对待机遇就像对待那过期的苹果。当机会朝他们冲奔而来时，往往前思后想，左顾右盼，犹豫不决，机遇在优柔寡断中失去了，甚至在绊倒时，有的人还视而不见。

人不可能两次踏进同一条河里，世界瞬息万变，机遇总是止步于青山绿水处，让人驻足倾听悦耳动听的鸟鸣；流连于山穷水尽处，给人柳暗花明又一村的希望。

当校园风景渐渐成为你们毕业照背景，日晷一天天成为你们的倒数器时，不要忘了你们正处于最好的时机，不要错过了你们最好的青春，现在正是你们实现梦想的时候。

生命只有一次，梦想并不是遥不可及的。当破晓的光晕升起，当你再一次踏入涌动的人流中时，别忘了抓住最好的时机，去创造另一个大风起兮云飞扬的时刻。

机遇就像一个蒙着面纱的女人，你必须要知道如何寻找她，捕捉她，知道投其所好，先于他人，乘胜追击，才能最终俘获她的芳心，掀起她的盖头来，才能看到她对你灿烂的微笑。

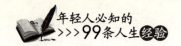

1. 转变思路，与时俱进。

思路决定出路，切实可行的时机需要你转变思路，同时也需要你的思维与时俱进，如果机会一旦来临，但你的思维还故步自封，那也是枉然。

2. 保持乐观的生活态度。

一个人，胸怀开朗、积极向上，始终保持愉快的生活体验，就能更好地抓住时机。

3. 做好随时行动的准备。

机会稍纵即逝，要做好机会随时来临的准备，以百倍的激情投入工作，十分珍惜、牢牢抓住，不对工作拖延，抓住稍纵即逝的宝贵时机，实现自己的梦想！

学会抓住最好的时机，绝不错过。

6. 相信自己一定能成功

"在我的字典中没有不可能的字眼。"拿破仑曾说。

一个人的命运把握在自己的手中，只要自己相信自己，那么一切皆有可能。只要心里有坚定的信念，渴求成功的强烈欲望，干枯的沙子有时也可以变成清冽的泉水。

有个年轻人想向苏格拉底学知识，苏格拉底就把他带到一条小河边，年轻人觉得很奇怪，苏格拉底"扑通"一下就跳到河里去了，示意让他下来，年轻人不懂苏格拉底的用意，稀里糊涂地跳下了水。

刚一下水，苏格拉底就把他的头摁到了水里，年轻人本能地挣扎出水面，苏格拉底又一次把他的头摁到了水里，这次用的力气更大，年轻人拼命地挣扎，刚一露出水面，又被苏格拉底死死地摁到了水里。这时年轻人顾不了那么多了，死命地挣扎，拼命向岸边游去。

爬上岸后，他打着哆嗦对苏格拉底说："老师，你要干什么？"

苏格拉底回答说："年轻人，如果你真的要向我学知识，你必须有强烈的求知欲望，就像你有强烈的求生欲望一样，你才得以跑掉。"

同理，在工作中，你如果有着强烈的成功欲望，不抛弃，不放弃，并持之以恒地辛勤耕耘与付出，就能创造一个又一个的生命奇迹。

有一个年轻人，从他很小的时候起，就有一个梦想，希望自己能够成为一名出色的赛车手。他在军队服役的时候，曾经开过卡车，这对他的驾驶技术的提高，起到了很大的帮助作用。

退役之后，他选择到一家农场里开车。在工作之余，他仍然一直坚持参加一支业余赛车队的技能训练。只要有机会遇到车赛，他都会想尽一切办法参加。因为得不到好的名次，所以，他在赛车上的收入几乎等于零，这也使得他欠下一笔数目不小的债务。

那一年，他参加了威斯康星州的赛车比赛。当赛程进行到一半多的时候，他的赛车位列第三，他有很大的希望，在这次比赛中，获得好的名次。

突然，他前面那两辆赛车，发生了相撞事故，他迅速地转动赛车的方向盘，试图避开他们。但终究因为车速太快，未能成功。结果，他撞到车道旁的墙壁上，赛车在燃烧中停了下来。当他被救出来时，手已经被烧伤，鼻子也不见了。体表伤面积达40%。医生给他做了7个小时的手术之后，才使他从死神的手中挣脱出来。

经历这次事故，尽管他命保住了，可他的手萎缩得像鸡爪一样。医生告诉他："以后，你再也不能开车了。"

然而，他并没有因此灰心绝望。为了实现那个久远的梦想，他决

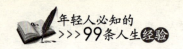
心再一次为成功付出代价。他接受了一系列植皮手术，为了恢复手指的灵活性，每天他都不停地练习，用手指的残余部分去抓木条，有时疼得浑身大汗淋漓，而他仍然坚持着。他始终坚信自己的能力。在做完最后一次手术之后，他回到了农场，换用开推土机的办法，使自己的手掌重新磨出老茧，并继续练习赛车。

仅仅是在9个月之后，他又重返了赛场！他首先参加了一场公益性的赛车比赛。但没有获胜，因为他的车在中途意外地熄了火。不过，在随后的一次全程250英里的汽车比赛中，他取得了第二名的成绩。

又过了两个月，仍是在上次发生事故的那个赛场上，他满怀信心地驾车驶入赛场。经过一番激烈的角逐，他最终赢得了250英里比赛的冠军。

他，就是美国颇具传奇色彩的伟大赛车手——吉米·哈里波斯。当吉米第一次以冠军的姿态，面对热情而疯狂的观众时，他流下了激动的眼泪。一些记者纷纷将他围住，并向他提出一个相同的问题："你在遭受那次沉重的打击之后，是什么力量使你重新振作起来的呢？"

此时，吉米手中拿着一张此次比赛的招贴图片，上面是一辆赛车迎着朝阳飞驰。他没有回答，只是微笑着用黑色的水笔，在图片的背后，写上一句凝重的话："把失败写在背面，我相信自己一定能成功！"

卡耐基曾说："我想赢，我一定能赢；结果我又赢了。"只要你也有一颗永不服输的心灵，有一种愈挫愈勇的意志，强烈的渴求成功的欲望。只要相信自己能赢，就一定能赢。

其实，人最强大的对手是自己。在工作中如何击败自己，保持强烈的成功欲望，努力让自己成功呢？

1. 建立自信心。

很多人因为自信，所以成功。有人问居里夫人，您认为成才的窍门在哪里？居里夫人肯定地说："恒心和自信心，尤其是自信心。"莎士比亚也说"自信心是走向成功的第一步。"

自信心是一个人成才所必备的良好心理素质和健康的个性品质，是一种重要的非智力因素。只要相信"我能行"，就一定能成功。如何让自信心在自己前进的道路上发挥积极作用呢？

首先发现自己的优点，把注意力集中在自己的优点上，你的专长是什么，你的优点有哪些；其次，认清自己的能力，估计一下自己到底有多大的能量，能完成哪些事情，然后再去尽力而为；找出榜样人物，并向他们学习；用毅力、勇气，从成功里获得自信，在失败中汲取教训；自觉地设定具体的目标，虚心地听他人的评估。

2. 培养自我控制、自我调节能力。

适当地自我控制，可以抑制冲动，抵制诱惑，延迟满足，坚持不懈地保证目标的实现。

3. 培养积极的自我意象意识。

所谓"自我意象"就是一个人对自我所刻画和认可的自我"图像"或"肖像"，是人对自我是什么人，能干什么的认知和评价。积极的自我意象意识，即一个人会积极地按着自己对自己的评价去行事。比如，你认为自己很有能力，能胜任某门学科的学习，那么你就会饶有兴趣、信心十足地学习、应试，发挥自己的潜力，并且善于从失败中获益，并及时淡忘失败的痛苦；善于搜集成功的体验，不断激励自己从成功走向成功。

4. 培养自我激励意识。

自我激励意识，通过激发人的行为动机的心理，使人时刻处于一种兴奋的状态。这种状态不仅能够使人们充满激情地面对工作，

还可有在工作中做出不平凡的业绩来。

5. 自我实现。

所谓自我实现，是指人都需要发挥自己的潜力，表现自己的才能，只有当人的潜力充分发挥并且表现出来时，人们才会感到最大的满足。同样地，任何人的自我成功，关键在于和自己比，每天进步一点点，每天提高一小步，生活就觉得很幸福。

6. 认定目标，坚持到底。

在生活中、工作中，无论你采取什么样的自信方式，都要坚持，你才能成功。

7. 创造机会，让成功来敲门

人生的难题在于，时间永远不等我们，我们却等时间来解决我们的难题。现在大多数年轻人都对生活有过困惑，有的人才华过人，有的人勤奋肯干，可总与成功无缘，遇到一点点挫折后，就找借口"我没有机会"，放慢了追求理想的脚步，在日复一日中挥霍了自己大好的青春。

一天，有个年轻人懒洋洋地晒着太阳。

这时，从远处走来一老者。"年轻人你在干什么？"老者问。

"我在这儿等待时机。"年轻人回答。

"等待时机？时机是什么样的，你知道吗？"老者微笑地问。

"不知道，不过，听说时机是个很神奇的东西，它只要来到你身边，那么你就会走运，会做成自己想做的事了，反正，美极了。"年轻人很是高兴地回答。

"咳！你连时机是什么样都不知道，还等什么时机？还是跟我走吧，让我带着你去做几件有益于你的事！"老者说着就要来拉年轻人。

"我才不会跟你走呢！你赶紧走吧。"年轻人不耐烦地说。

那老者很悲伤地离去。

不一会儿，一位长髯老者来到年轻人面前问："你抓住它了吗？"

"抓住它？它是什么东西？"年轻人问。

"它就是时机呀！"

天啊！我怎么把它放走了！年轻人后悔不已，哭了起来。

"别哭了"，长髯老者接着又说："我来告诉你关于时机的秘密吧。"

"它是一个不可捉摸的家伙。你专心等它时，它可能迟迟不来，你不留心时，它可能就来到你身边；见不到它，你时时想着它；见到了，你又不认识它，如果一旦错过了它，它就永远不会回来了。"长须老者很有耐心地跟年轻人讲。

"但是，人如果能给自己创造机会，而不是一味地去等待机会或错过机会，那么这个人的人生或许会因此而改变。"长髯老者意味深长地说。

年轻人终于点了点头，会意地笑了。

等待机会，是一种愚蠢的态度，如果你只是在等机会，你一生将不会得到好的机会。

这个世界，不缺少机会。要想成功，等待能把我们送往彼岸的海浪，海浪永远不会来，必须要有主动创造机会的热情。毛遂自荐的故事家喻户晓，如果不是毛遂自己去创造机会，他有可能千古留名吗？

弱者坐等机会，智者创造机会。不要逃避今天的责任而等待明天去做，不要等待"时来运转"，也不要由于等不到而觉得惋惜和委屈，从现在开始，不要等待机会，而要创造机会。

在某一次战斗胜利后，有人问亚历山大："你是不是在等好机会去攻城？"亚历山大反驳道："机会？机会是要自己主动去创造的。"

主动创造机会，为亚历山大赢得了丰功伟绩。

求职需要机会，创业需要机会，而机会需要自己主动去争取、创造，只有这样你才能成为真正的赢家。

机会，你看不懂，他看不懂，总有人看得懂；事业，你不做，他不做，总有人去做。谁也阻挡不住社会的发展和时代的进步，在潮流和趋势面前，谁能创造使自己成功的机会，成功才会来敲门！

具体来说，年轻人可以这样做：

1. 加强自身建设。

机遇只敲有准备的人的门。个人的第一要务就是要不断学习，充电再充电，提升自己的综合实力，否则的话就只能是痴人说梦。

正如乔治·艾略特写的："生命之河中灿烂辉煌的时刻在身边匆匆流过，而我们只看到沙砾；天使也曾降临并探访过我们，但直到她们飞走后我们才恍然大悟。"

因此，要创造机会，就要树立"造物之前，必先造人"的理念。

2. 积极主动投身工作中。

一张地图，无论它多么精密、多么详细，绝不能够带你到地面上的一寸土地；一块璞玉无论它多么稀有，未经雕琢它绝不会变成价值连城的美玉；一架机器，绝不会自动为你赚一分钱，只有行动，才能哺育成功。机遇，不是上天的恩赐，也不是上帝偏心，机遇是每个人自己在工作中创造的，善待自己的工作。

3. 要找到那种适合自己、机遇多的岗位和地方。

现在很多刚刚毕业的大学生喜欢去北京、上海、广州、深圳等大城市去找工作。这些地方，虽然机会多，但人才也多，竞争也激烈，不一定都适合你，因此，对于年轻人看来说，应该去到机遇多，同时适合你的地方。

4. 要有创业的意识和准备。

创业是这个时代的主题，创业能主动为你提供机会去实现自己的价值。当然，创业并不都能成功，每个人也并不都适合创业。因此，要创造一条属于你自己的成功道路和模式。

5. 要有敏锐的洞察力和判断力。

对于刚刚毕业的大学生来说，在面对社会的复杂局面时，适应能力、直觉力差，这就需要培养起敏锐的洞察力和判断力。因此，就应该多掌握马克思主义哲学基本理论知识，确立认识世界、认识问题、分析问题、解决问题的世界观和方法论。

最后，就是要有良好的心理素质，包括：良好的个性；较强的心理适应能力，调适情绪、控制行为的能力；广泛的兴趣、适当的理想、科学的信念；健康的心态；适当的行为表现，如懂得基本的社会规范，道德和法规，等等，这些对创造机会也非常重要。

8. 立刻行动起来

卡尔文·柯立芝说："我们不能立即做所有事情，但老天做证，我们能立即做某些事情！"

成功不会等待，即使你具备了知识、技巧、能力、良好的态度与成功的方法，如果你迟疑，不采取行动，它会投入别人的怀抱，一切美好的愿望也都只是虚无缥缈、可望不可即的海市蜃楼。

然而，人们习惯于做事瞻前顾后，往后拖延，总愿意在行动之前先要让自己享受一下最后的安逸。只是在休息之后又想继续享受，随着事情完成期限的逼近，行动还未开始，他们的工作压力也与日俱增。这不仅会让他们感觉到身心疲倦，而且解决起来也越来越难。

如今，大多数刚刚踏入职场的年轻人总觉得"忙"、"烦"是他们工作的主旋律。之所以会造成这种现状，除了某些客观原因外，还有

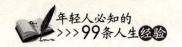

一个非常重要的主观原因，就是多数人在工作中总是拖延。

培根曾说："好的思想，尽管得到上帝赞赏，然而若不付诸行动，无外乎痴人说梦。"当你们遇到好的想法时，应毫不迟疑地立刻付诸行动，才能使你们在激烈的竞争中获得更为有利的位置，才能把握住一个个转瞬即逝的机会。

记者曾问一位成功人士："请问，您成功的主要原因是什么？"他回答："绝不拖延，立即行动！"

"请问，您遇到挫折时是如何处理的？"记者又问。

"绝不拖延，立即行动！"他回答说。

记者再一次问："您是如何面对挫折的？"

他回答："绝不拖延，立即行动！"

记者继续问道："能不能告诉我您成功的秘诀是什么？"

他还是回答："绝不拖延，立即行动！"

在工作中或许你们会面对诸多困难、挫折，但绝不拖延，立即行动却是解决问题的最好魔杖，是我们的成功之道。

千里之行，始于足下。播下一个行动，你将收获一种习惯；播下一种习惯，你将收获一种性格；播下一种性格，你将收获一种命运。一百个空想家抵不上一个实干家，世界上所有伟大的发明，都是在人们大胆想象之后付诸行动而来：贝尔发明电话，是经过无数次试验得来的；日心说若没有经过哥白尼日复一日的观测行动也无法问世；如果没有瓦特积极的探索，蒸汽机就不会被发明，也不会有轰轰烈烈的工业革命。

歌德说得好："只有投入，思想才能燃烧。"一旦开始，完成在即。决不拖延，立即行动！

年轻人行动起来，一切才有可能；行动起来，成功才会与我们相拥。如果不付诸行动，梦想对于我们毫无意义，再完美的计划也于事无补，我们的目标遥不可及。

改变世界始于一个举动。那么，你为你的时机做好准备了吗？你已决定当你的时机到来时做什么了吗？立即行动起来吧！

以下是让你立刻行动起来的8种力量：

1. 克服恐惧。

我们的畏缩不前源于恐惧。害怕失败、屈辱或犯错误阻碍我们在世界上创造非凡变化的能力。恐惧阻止你追求升职，投入新职场。恐惧减弱行动，克服恐惧，步骤1：确定你的恐惧，恐惧在哪些方面阻碍了你的进展。步骤2：采取行动，在工作中，必须毫不犹豫地行动起来，才能战胜恐惧，才能使内心的动摇消失殆尽。

2. 养成良好的习惯。

立即行动是一种优秀品质，拖延是一种恶习。平时就要养成一种习惯，用"立刻行动"时刻提醒自己，当"立刻行动"从你们的潜意识中浮现时，就会做出快速的反应，抢占行动的先机。如假设你定了早上7：00的闹钟。当闹钟响起时，你睡意正浓，于是起身关掉闹钟，又昏昏入睡，但如果你听从"立即行动"这一命令的话，你就会立即起床，不再睡懒觉。而坚持做下来，就会养成早起的好习惯。

3. 激励自己。

人区别于其他动物就是人有意识地活动，可以理性地控制自己、激励自己。

行动需要激励。激励就是鼓舞人们做出抉择并采取行动，即"内部催动"。例如本能、热情、情绪、习惯、态度、冲动、愿望，等等，都能激发人行动起来。可以说，没有人是不受到激励而去做任何事情的，自我激励会带给你无穷的力量。

4. 拥有一个完整的人生计划。

拥有一个完整的人生计划，就拥有一个终身之计，对成为有行动的人是重要的。如果你知道你要去哪里，做决策会比较容易。如，你想去一个你从未到过的地方，提前做好途中可能遇到的一切，在

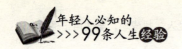
旅途中你就不会惊慌，顺利地完成这一切。

5. 拥抱行动的力量。

拥抱行动的力量，看看你的人生理想，并认知实现你的终极愿景所需要成为的人。明确今天、明天、后天，所要实现的目标，从而采取步骤，以推动你成为那种实现自我的人。一个简单的行动，比如拿起一张地图想游览某个地方，能帮助你建立朝向你渴望目标的巨大动量。

6. 时机来临时作出快速决策。

改变世界始于一个举动。有时这个举动需要快速反应。成为有行动的人的一个方法是透彻思索一些情形，并事先决定当那些时刻到来时你将如何反应。

7. 掌握好自己的状态。

一个人处于良好的状态就可以更好地去做事情。因此，年轻人应该把握好自己的状态，同时应发现新状态给自己带来的好处，旧状态给自己带来的危害。

8. 善用你的优势。

每个人都在某些方面表现突出。发现自己的优势，诀窍在于：确定你需要改进的那些方面，善于利用自己的强项，你可以发挥你的优势并愿意接受新的挑战。

9. 避免拖延有绝招

人类有三大原恶，即任性、懒惰和忌妒。而拖延则是任性与懒惰本性的突出表现，是消极心态的代名词。

大多数踏入社会的年轻人面对繁重的工作，总喜欢"等一等""

明天再做"，坐等其成，最终只能陷入漫长等待的泥潭。正如塞万提斯所讲："取道于'等一等'之路，走进去的只能是'永不'之室。"

因此，年轻人要想走出迷茫，就必须伸手摘掉树上成熟了的果子，否则它就在藤上烂掉。

有这样一个故事：

一位青年画家把自己的作品拿给大画家柯罗请教。柯罗指出了几处他不满意的地方。

"谢谢您，"青年画家说，"我明天全部修改。"

柯罗激动地问："为什么要明天，您想明天才改吗？要是您今晚就死了呢？"

可见，年轻人不应该逃避今天的责任，而把它们推给明天，因为大家都知道，明天可能不会到来。人生短暂，不容蹉跎。今天最有价值，只有今天，才能描绘意想中明天的画卷。

然而，拖延实质上是一种极其有害于工作和生活的恶习。拖延只会侵蚀你们的意志和心灵，阻碍你们潜能的发挥。为此，我们常常会苦恼、自责、悔恨，但又无能为力，结果一事无成。

因此，对于年轻人来说，就要弄清楚"为什么会造成拖延的坏毛病？怎样去避免它？"

通常造成拖延的原因有以下几点：害怕犯错；做事前犹豫不决，瞻前顾后；懒惰、无精打采；做事缺乏优先、轻重的意识。

如果你处在这种情况下，需要掌握如下六个办法和思路，避免拖延的毛病：

1. 采用分段实施法。

把大目标分解成小目标。不少拖延都是因为工作任务太繁重、太困难、太棘手等，而对目标的达成缺乏信心或无从下手造成的。这时，你可以把比较复杂的任务分解成几个独立的具体的方面，然后一个一个地去解决它们，当一个小任务完成后，你就具有成就感、满

足感，做事的积极性也会相应地提高。

有时，你拖延一项工作，并不是因为整个工作会让你感到不快，仅仅是因为你讨厌其中的一部分。如果是这种情况，就应先做你讨厌的那部分，然后做其他部分就更容易了。

但同时也应该注意，每次开始一个新的小段时，不到完成，绝不离开工作区域。如果一定要中断的话，最好是在工作告一个段落时。

2. 时间限制法。

在开始某一件事时，要明确完成目标任务的时间期限。这样做有利于你加强时间观念，努力去完成任务，从而避免了一拖再拖恶性循环的现象。

在规定的期限里完成任务，这样你会发现工作完成的速度大大超出了你的预计，你也会发现，工作比你原来所想象的要容易得多。

有些人做工作缺乏明确的时间意识和观念，做到哪儿算哪儿，结果一拖再拖，严重影响了进度。

3. 不要过分追求完美。

世间并不存在十全十美，过分追求完美也会导致拖延，耽误大事。

4. 不要找借口。

诸如"再等一等""明天再做""时机还不成熟"这样的语言或心理意念是懦弱者的一种借口，一刻也不能在心里存在。

5. 每天积极给自己提问。

拖延不仅仅是简单的耽搁，有的时候会造成很多无法挽回的损失。因此，每天应给自己提问："今天我有什么样的付出？今天我学到了些什么？对于未来，我今天做了什么样的投资？"诸如此类的问题。

因为，每个人之所以会有不同的成就，原因就在于所提出的问题不同。只有能提出好的问题，才能得到好的答案。

当一个人因飞机失事，瘫痪在床，一般人一定会问"为什么会是我？……"但有一个叫米歇尔的人却在自问"我要如何才能重新站起来，像我这样怎能为社会服务呢？"在住院期间他结识了温柔、漂亮的女护士，他不顾自己的行动不便，竟大胆对别人说："我如何才能跟那小护士约会呢？"谁都认为他会碰壁，而如今小护士已成为他的太太。

6. 根治拖延的唯一办法就是——现在行动。

春种一粒粟，秋收万颗子。一分耕耘才会有一分收获，只要我们现在行动，不懈努力就能迎来硕果累累的秋天！

许多年轻人做事总喜欢等到所有的条件都具备了再行动。诚然，条件成熟是成功的前提，但坐等其成，只能虚度时光。目标需要用行动去证明，梦想需要用行动去实现。比如，你因为害怕见客户而迟疑不决，坐等时机，那么此时此刻，这位客户就是别人的客户了，要想成功唯一的办法就是现在就拿起电话或现在就去敲门。

10. 坚持目标就会胜利

小学课本有这样一则故事：

有一天，一只小猴子下山来。它走到一块玉米地里，看见玉米结得又大又多，非常高兴，就掰了一个，扛着往前走。

小猴子扛着玉米，走到一棵桃树下。它看见满树的桃子又大又红，非常高兴，就扔了玉米去摘桃子。

小猴子捧着几个桃子，走到一片瓜地里。它看见满地的西瓜又大又圆，非常高兴，就扔了桃子去摘西瓜。小猴子抱着一个大西瓜往回走。走着走着，看见一只小兔蹦蹦跳跳的，真可爱。它非常高兴，

就扔了西瓜去追小兔。小兔跑进树林子，不见了。

小猴子只好空着手回家去。

这个故事告诉我们，做事要认真，要有始有终，半途而废，最后只会闹得一场空。

人们常说："干一行，爱一行，才能干好一行。"很多刚刚毕业的大学生，并没有意识到这个观点，毕业不到一年，就随便换了三四份工作，在看似忙碌的工作中，什么也没得到。

但是，如果你能做到专注于一件事情，坚持自己的目标，往往就会能够成功。

成功者的经验告诉我们，一个人从一而终地去做某一件事情，这样才能做出一番成就来。沃尔玛，自始至终只做零售，钱再多也不置地，终究成为世界零售业老大；美国通用汽车公司100年来只做汽车与配件，资产再多，也不投资航空与轮船，所以成为世界第二强；世界首富比尔·盖茨，钱再多也只做软件；麦当劳实力再强，也只做快餐，从不涉足其他餐饮，最终成为世界第一……任何一件事只要你心无旁骛地去做，才更容易成为同行中的佼佼者。

因此，在人生前进的路上，只要选择了一条道路，就要从一而终地坚持走下去，这是万千成功者的经验之谈。

著名企业家冯仑讲过："想在人生的路上投资并有所收益，有所回报，第一件事就是必须在一个方向上去积累，连续地正向积累比什么都重要。"专注很重要，你专注于某一件事能让你更专业，更有突破力。样样精通，结果只会样样差。

刚刚走入社会的大学生，很喜欢不断地给自己定出些人生目标，可实际上，给自己的人生目标做做减法，效果会更不一样。

马云说："要有专注的东西，人一辈子走下去挑战会更多，你天天换，我就怕了你。"这给处于奋斗阶段的年轻人以深刻的启示：专注的力量是无穷的，在前进的道路上，年轻人一定要做好人生目标的减法，专注于一目标，并为之奋斗一生，相信成功终将属于你。

1. 行动前确立人生目标。

年轻人在工作中，要想不学下山的猴子，就必须要在行动前，确立自己奋斗的目标，这样不仅可以避免我们在行进的道路上，走弯路，走岔路；也可以避免我们中途停下来去找路。行动前确立人生目标，有利于节约时间，能够更好地引领你们前进。

2. 始终如一地专注于某一目标。

当目标一旦确定，一般不要轻易放弃。这样可以避免中途转向使精力损耗，从而使目标更容易达到。

在辽阔的非洲大草原上，有一群羚羊正在悠闲地吃着青草。突然一只隐藏在远处的猎豹，悄悄地向羊群靠近。越来越近了，突然羚羊有所察觉，开始四处逃散。猎豹瞬间爆发，像离弦的箭，嗖一下冲向羚羊群。它的眼睛盯着一只未成年的羚羊，一直向它追去。

为了保命，羚羊跑得飞快，但豹子跑得更快。在追与逃的过程中，猎豹超过了一只又一只站在旁边观望的羚羊。它没有掉头改追这些更近的猎物，而是一个劲儿地朝着那只未成年的羚羊疯狂地追去。终于，猎豹的前爪搭上了羚羊的屁股，羚羊倒下了，豹子朝着羚羊的脖子狠狠地咬了下去。

猎豹之所以能成功，就是始终如一地专注在弱小的羚羊身上，集中全力，不彷徨、不迟疑，追逐到底。

3. 目标一旦改变时，要及时调整。

在生活、工作中，当发现目标很难实现时，也得学会适时调整自己的目标，但当目标一旦调整，就必须及时调整思维，转移视线。

4. 拒绝跟风。

很多刚刚踏入社会的年轻人，喜欢盲目跟风，喜欢仅仅是为了所谓的"高报酬""面子"等因素去选择一个不适合自己发展的职业，最后也只能是一事无成。

俗语说："鞋合不合适只有穿在自己的脚上才知道。"因此，年轻人要选择自己适合的职业，避免跟风。首先应考虑的因素就是自身的性格和兴趣。其次，在给自己准确"定位"后，坚信自己选择的目标并不懈努力。

11. 单打独斗很难有大作为

不懂得或不善于利用他人力量，光靠单枪匹马闯天下，在现代社会里是很难大有作为的。

古人说："下君之策尽自之力，中君之策尽人之力，上君之策尽人之智。"一个人能竭尽自己的能力去完成一项事业，这是难能可贵的。但是，在当今社会，门类繁多，分工越来越细，仅靠自己的力量去完成一项事业是做不到的，必须要借助别人的力量才能攻克。

"好风凭借力，送我上青天。"善于借助别人力量的，就如同众人帮助你往火中添柴，越烧越旺。

在各个领域，凡是获得成功者都有一套善于"借"的本领，牛顿曾说："我成功靠的是站在巨人的肩上。"阿基米德有这样一句流传千古的名言："假如给我一个支点，我就能撬起地球。"

"登高而招，臂非加长也，而见者远；顺风而呼，声非加疾也，而闻者彰，假舆马者，非利足也而致千里；假舟楫者，非能水也而绝江河……"善借外物是成功的阶梯。

雄鹰借助蓝天，实现了翱翔苍穹的梦想；蓝天留给雄鹰，成就了自己的深邃和宽广。小草借助泥土，才得以生长；泥土将生命奉献给小草，换来了满地的生机。站在历史的长廊边，回望那奔流不息的滚滚河水，无不令人惊叹：有多少帝王将相无不是凭"借"成其千古伟业！

世间万物本是相辅相成的，互相补充，共同发展。金无足赤、人无完人，唯有借助他人的智慧，取长补短，为我所用，人才能获得成功。借他人之智，并不是说，把别人的东西都拿来，也得取其精华去其糟粕，能为自己所用。

有一天，佛陀带领弟子们来到大江边准备渡江，江水汹涌澎湃。佛陀俯身拾起一块石头，问弟子们："我把这块石头扔在江中，你们说，它是浮着，还是沉没？"

弟子们都默不作声。心想："这么简单的道理还用问吗？"只见佛陀一扬手，将石头掷了出去，石头落入江中。弟子们只好如实回答："石头沉没了。"

佛陀叹息了一声，说："是啊，这块石头没有缘分啊！"经佛陀这一说，弟子们更加莫名其妙了。

接着佛陀又说："有一块石头，三尺见方，将它放在江中，不但没有沉没，而且还过江而去，大家知道这是怎么回事吗？"弟子们搜索枯肠、冥思苦想也不得其解。

佛陀说："其实很简单，因为那石头有善缘，就是船，将石头放在船上，石头就不会沉下水去了。"

弟子们才恍然大悟，回过神来。

人生也是如此，只有遇上善缘，获得他人的相助就能"过江"，获得成功。凡事不能只靠自己，学会适时地借助他人的力量，这不仅是一种智慧，更是一种无穷的力量。

在"经济全球化"的今天，我们更应该彼此互借，互相弥补。他山之石，可以攻玉。善于借助别人能使你超过别人，获得成功。

总而言之，年轻人要想尽快取得成功。善"借"他人之智，则是一种快速便捷的诀窍。在借助他人的智慧成事时，一般要遵循：

1. 要与有影响力的人做朋友。

对于年轻人来说，应该随时留心周围人，特别是公司领导、同事的品格、能力及其影响力，要用真心去交朋友。

2. 努力求得朋友的帮助。

朋友能否帮你的忙，还看你平时表现如何。这就要求你与人交往时，与人应和睦相处，搞好关系，否则需要帮助的时候，若是没处理好关系，则没人愿意帮你。

3. 敢于向别人借力。

有很多人会觉得有求于人，总觉得这样做有失体面，好像是贬低了自己的能力。其实，这些想法都是不必要存在的。什么时候也别忘了，即使是最成功的人也需要别人帮他架起成功的桥梁，何况你只是一个平常之人呢？

4. 善于发现别人的长处。

善借别人的智慧，利用别人的优势弥补自己的不足，是必不可少的成事之道，更是一条捷径。因此，年轻人在平日的生活、工作中要不嫉妒别人的优点，善于发现别人的长处，并能够为己所用。

第九章

年轻人，要经得起磨难，受得了打击

"千锤百炼出深山，烈火焚烧若等闲。"成功是一个炼狱的过程，每个人不可避免要经受各种各样的磨难和打击，而身为初入社会的年轻人，只有挺起脊梁，用一颗战胜困难的心经得起千锤百炼，坚持到底，才能看到最终的光明。

成功道路上，很多事情是我们难以预料的，每个人都会遇到很多不如意的事，每个人都没有一帆风顺的命运。但是，你要坚信，所有的磨难和苦厄，都是对生命的砥砺，它使我们以更坚韧的力量去采摘甘甜的果实。为此，我们要以乐观的心态去面对磨难，只有在苦厄中沉得住气，才能成大器！

1. 坚信：苦尽甘来终有时

　　成功的过程恰似蝴蝶破茧的过程，只有在不断地挣扎之中，意志才能得到磨炼，力量才能得到加强，心智方能得到提高，才能迎来生命的升华，吮吸到大自然的甘露！任何磨难和苦厄，都是对生命的砥砺，它使我们以更坚韧的力量去采摘甘甜的果实。

　　蝴蝶的幼虫是在一个洞口极为狭小的茧中度过的，而当它的生命要真正发生质变和飞跃的时候，这个狭小的通道对它来说犹如鬼门关一样，那娇嫩的身躯必须要竭尽全力才可能会破茧而出。许多幼虫在往外冲杀的时候因为要竭尽全力而死亡，成为飞翔的祭品。

　　有的人不忍心看到幼虫力竭身亡，会在幼虫破茧而出的时候，用剪刀将通道剪得宽阔一些。这样一来，所有受到帮助而见到天日的蝴蝶都不是真正的飞行精灵：它们无论如何再也飞不起来，只能够拖着丧失了飞翔功能的双翅在地上笨拙地慢慢地向前爬行！原来，那"鬼门关"般的狭小茧洞恰恰是帮助蝴蝶幼虫两翼成长的关键所在，在穿越的时候，通过巨大压力的挤压，血液才能被顺利地输送到蝶翼的组织中去；唯有两翼充血，蝴蝶才能够振翅飞翔。而人为地将茧洞剪大的话，蝴蝶的翼就丧失了充血的机会，爬出来的蝴蝶便会永远与飞翔绝缘了。

　　成长就是一场痛苦的磨砺，当你从痛苦中走出来时，就会发现，你已经拥有了飞翔的力量。如果不经历痛苦，你也许就会像那些受到"帮助"的蝴蝶一般，萎缩了双翼，平庸一生。所以，在任何时候，我们都要坚信：痛苦的尽头必定是甘甜，如此才能成就辉煌的人生。

　　在成功的道路上，不被困难和苦难吓怕，不被压力和烦琐压垮，且能够在任何时候都能保持自我，坚守自我的梦想，才能守得云开见日出！

　　有一位商人，因为经营不善，而欠下一大笔债务，因为无力偿还，被众人所逼迫，因为无法承受巨大的压力而几乎崩溃，他顿时萌生了结束自己生命的念头。

　　有了那样的念头后，他就独自到亲戚的农庄去拜访，打算在仅有的时间内，享受最终的恬静生活。当时，正值八月西瓜成熟的时节，田中飘出了阵阵的瓜香。守瓜田的老人见到他便十分热情地摘了几个瓜果请他品尝。不过，他的心情仍旧十分地低落，一点享用的心情也没有，但是又无法拒绝老人家的好意，于是，就礼貌地吃了半个，并且还随口称赞了几句。

　　听到商人的赞扬，对方显得异常地欣喜，于是便开始如数家珍地向商人诉说起自己种植西瓜所付出的心血与苦劳。

　　老人详细地说起了种瓜的过程："四月播种，五月锄草，六月浇水，七月守护……"这位农民的大半生都在与瓜秧相伴，付出了很多的心血和汗水，当然也曾经流过泪水。

　　老人说，有一年，刚刚出土的瓜苗就遇到了旱灾，但是为了让瓜苗成长，老人家还坚持每天来回挑水浇灌它们，尽管烈日炎炎，但他一想到夏天甘甜可口的西瓜时，却不觉得有一丝一毫的辛苦。

　　又有一年，西瓜正在收获季节之时，一场冰雹袭来，打碎了长势良好的瓜果，也打碎了他的丰收美梦。还有一年，西瓜秧上的黄花开得正茂盛时，一场洪水却让一切都泡了汤……

　　老人乐观而坚定地说道："靠天收获，少不了要吃一些苦头或受一些气，但是，只要你能够低下头，咬紧牙关，挺一挺就能够过去。

因为，在收获季时，最终的一切都是我们自己的。"

看到缠绕在树身上的藤蔓，老人把着它，对郁闷而绝望的商人说道："你看吧，这藤蔓虽然看上去很是轻松，但却是一辈子都无法抬头呢！只要风一吹，它就变弯，它永远无法依靠自己的力量活下去。"

这番话一下子触动了商人的心田，他猛然醒悟。他快速地吃完手中剩下的西瓜，在瓜棚下面放了100元，以示感激，翌日便迈着坚定的步伐离开了农庄。从此之后，商人又开始重整旗鼓，重新开始了创业之路。

5年过去了，他再次取得了成功，并且将自己的新企业经营成一个现代化企业的龙头。

生活就是如此：在关闭面前的那扇门之后，却在另一边为你打开另一扇门窗。苦尽便是甘来，在失意面前，如果你不重新振作，不善于观察，只是在那扇已关闭的门前痛哭流涕乃至绝望，还会错过窗子外面那最为美丽的风景。为此，当我们在备受生活压迫之时，在困境之中，一定不能轻易就低头认输，就算已经被压得完全倒下，也一定要及时站起来，挺起你的腰板，拍拍手上的灰尘，坚定而执着地继续前行……如此这般，我们才不会因为人生中的某次失利，而放弃了将未来推入更高的塔峰之上。

2. 世上没有绝境，要从绝望中寻找希望

古诗有云："山重水复疑无路，柳暗花明又一村。"所有的希望和转机，都往往是在绝望的时刻伴随着信心而产生的，世界上没有真

正的绝境，而只有绝望的思维，只要心灵不干涸，不屈服于现实，就能看到光明的希望。

智利北部，有一个叫作囚供郭的小村子，这里西临太平洋，北靠塔克拉玛干沙漠，因为本地的地理环境极为特殊，使太平洋湿气流与沙漠上的高温气流终年交融，形成了多雾的气候。然而，浓雾却丝毫不能够滋润这干涸的土地，因为白天的阳光极为强烈，无法使浓雾蒸发。

一直以来，这处长久被干旱所征服的土地上面，看不到一丝绿色，也使人们看不到一丝生机。几年之后，加拿大一位名叫作罗伯特的生物学家进行环球考察的过程中，意外地发现了这片极为荒凉的土地。

看到如此干涸的土地，他很是好奇，就在当地住了下来。不久后，他就发现了一种十分奇异的现象：这里除了蜘蛛几乎看不到任何其他的生物。这里处处蛛网密布，蜘蛛四处繁衍，生活得极好。这位生物学家顿时对这里的蜘蛛产生了好奇，为什么只有蜘蛛才能在如此干旱的环境中生存下来呢？后来，罗伯特就借助电子显微镜，发现这里的蜘蛛具有很强的亲水性，极容易吸收雾气中的水分，这里的雾水就是这些蜘蛛在这里生生不息的源泉。

之后，在智利政府的支持之下，罗伯特就根据蜘蛛的吸水性原理，研制出了一种人造纤维网，选择当地雾气最为浓厚的地段排成网阵，就这样，穿行其间的雾气被反复地拦截，最终形成大量的水滴，这些水滴滴到网下面的流槽之中，经过过滤、净化，就成了可供生物成活的新的水源。

如今，罗伯特的人造蜘蛛网平均每天就可以截水达到一万多升，如果在浓雾天气，则每天可以截到水源十多万升，不仅仅满足了当地居民的生活需求，而且还可以用来灌溉这里干裂的土地，让这片

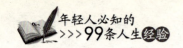
昔日满目荒凉、尘土飞扬的荒漠中长出了鲜花与青绿的蔬菜。

这个世界上本没有真正的绝境，再荒凉的土地，也会变成生机勃勃的绿洲。为此，在奋斗的过程中，当我们遇到困境时，一定不要尽早让自己的心灵干涸，将心中的梦想熄灭。要知道，人在失意的时候，体内沉睡的潜能最容易被激发出来。只要你换个角度看世态，要将绝望看作是下一次希望的开始，也许就能发现机会就在你失意的拐角处等着你！

绝望之中往往蕴藏着机遇，绝望来临了，我们不能够沮丧或者退缩，反而要冷静面对，认真地思考，用心去捕捉其中的转机，同时也要勇于冲破墨守成规的传统，敢于尝试，勇于创新，从而走向一个新的开始。

玛尔德在他14岁的时候，就前往美国的芝加哥，因为他从7岁之时就跟着裁缝学裁缝，为此，到了美国之后，他极为顺利地在一家裁缝店找到了工作。

到了20岁的时候，玛尔德就决定要成立一家属于自己的裁缝店。

于是，他和弟弟以及他的合伙人就共同买下了一间服装店，满怀信心地将自己的全部积蓄都投资到其中。然而，一场突如其来的变故，却让玛尔德陷入了绝境之中。

先是在即将开业的前一天晚上，店中被小偷光顾了，丢失了近10万美元的货款；接下来，他再次进了一批货物，却又在一场意外的大火之中付之一炬。

后来，他才发现保险经纪人欺骗了他，根本没将他支付的保险费用的支票交给保险公司，为此，这场火灾等于没有入保险。更为悲惨的是，可以证明公司存货内容与价值的一位最重要的证人，正好在当时离世了。

接二连三的打击让玛尔德绝望极了，失意、沮丧、颓废扑面而来。就这样消沉一段时间之后，玛尔德就下定决心到别的裁缝店工作，因为他心中的梦想又"死灰复燃"，他不甘心就这样以惨败告终。

两年之后，他又攒下了一笔钱，鼓足了勇气，在另一个城市开了一家裁缝兼礼服出租店。这一年，他就决定多多采纳他人的意见，但是大方向上仍旧坚持自己的决定。因为，他始终相信：当初的跌倒，是自己跌倒的，而如果能站起来，也应该依靠自己站起来才行。不久后，他的梦想终于实现，"英格兰礼服出租店"终于成为当地知名的店铺。

人生没有真正的绝境，在任何情况下，只要内心充满信念，便能重新找寻到希望。那些最终走出困境的成功者，都是被困难无数次地击倒后还仍旧积极进取的人。玛尔德在绝境之中，因为及时消除了内心的种种消极的情绪，看到了困境背后所隐藏着的曙光才让自己迅速地走出了迷惘，摆脱了困境。为此，在现实生活之中，当我们身处绝境之中，一定要转变心态，不要将自我禁锢在眼前的困苦中，要看到危机后所隐藏着的时机，努力重新开始。当你看到希望在未来展现时，便能够抓住信念的圣火，赢来匪夷所思的转机和希望。

3. 学会在逆境中自救

在事业的迈步阶段，不可避免地会陷入各种危机之中，要摆脱这些困境，就要依靠自己的力量去拯救自己。要想在困境中解救自己，首先要给自己坚强的信念，让自己永不放弃。要知道，世界上成功者微乎其微，平庸者多如牛毛，其主要原因就在于他们缺乏坚持的毅力，自己不给自己以希望。

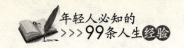

　　有一天，在赛场上，英国运动健将史塔夫·戴维斯因为忽然心脏病发作被抬进医院，因为一直处于昏迷状态，院方就请了两名护士一直在他身边看守。

　　在昏暗的病房之中，两位护士正在忙碌着测量史塔夫的脉搏，此时的他已经昏睡了好几个小时了，仍旧处于险境之中。

　　医院医术最高明的医生已经尽了最大的努力，但仍不见好。当时的史塔夫无法动弹，没有任何动作表示自己已经好转。但是，他的意识却是十分清醒的，他不停地告诉自己，一定要坚持下去，一定要保持清醒的状态，唯有这样才能保住性命。

　　忽然间，史塔夫却听到一位护士激动而慌张地说道："他停止了呼吸！他的脉搏好像不能跳动了！"

　　另一位护士也惊叫道："脉搏好像真的停止了跳动！这怎么办呢？"

　　在这样的情况下，史塔夫仍旧暗示自己："我必须要告诉你，我还活着。但我如何才能让他人知道呢？"这个时候，他想起了一句自我激励的话："如果你确信你能做到，你就能够完成它！"

　　他开始努力地尝试着睁开眼睛，但是努力了很久，却依旧不听指挥，但是他却一丝也不放弃。终于，他听到一位护士说道："我看到他的眼睛在动了！"

　　另一个护士顿时惊叫了起来："他果然在活着！"

　　史塔夫不断地开始进行自我暗示与自我激励，他虽然努力很久，也极为辛苦，但最终他还是睁开了眼睛，将自己从死亡线上拉了回来。

　　在逆境中，信念最能够支撑和激发出一个人的潜能，创造生命的奇迹。当然，树立强大的信念，需要你最为坚强的意志力，那是人类区别于万千动物最为宝贵的财富。

奋斗的过程，我们会遇到各种险境或困难，请记得，坚定你的信念，靠着你那独一无二的意志力，在你身上就一定会有奇迹发生。

生活中，许多人遇到磨难之后，只是抱怨命运的不公，总是渴望他人的怜悯和帮助。与其这样，不如学着去转换你的思路，进行自我解救，有时候，你只需保持冷静、泰然处之，定能见到另一片光明。

南宋绍兴十年七月的一天，杭州城中最为繁华的一条街市突然失火。当时的火势极为迅猛，并且迅速蔓延，以至于使数以万计的房屋商铺置于火海之中，顷刻之间化为废墟。

有一位裴姓的富商，苦心经营了大半生的几间当铺与珠宝店，也恰恰在那条闹市中。因为火势越来越猛，他大半辈子的心血眼看着就要毁于一旦。但是他并没有让伙计和奴仆冲进火海之中，舍命地救珠宝财物，而是不慌不忙地指挥他们迅速地撤离，一副听天由命的样子，这让很多人很是不解。

然后他不动声色地派人从长江沿岸平价购回大量木材、毛竹、砖瓦、石灰等建筑用材。当这些材料像小山一样堆起来的时候，他又归于沉寂，整天品茶饮酒，逍遥自在，好像失火压根儿与他毫无关系。

大火烧了数十日之后就扑灭了，但是曾经车水马龙的杭州，大半个城已是墙倒房塌一片狼藉。不几日朝廷颁旨：重建杭州城。凡经营销售建筑用材者一律免税。于是杭州城内一时大兴土木，建筑用材供不应求，价格陡涨。裴姓商人趁机抛售建材，获利巨丰，其数额远远大于被火灾焚毁的财产。

这个故事蕴含的做事智慧亘古不变，但凡那些能够面对困境临危不乱，并能冷静处理，做出正确决断的人，总能化险境为转机，取得另一番成就。

另外，遇到困境，总是环顾左右、希望别人拉一把的人，也许能

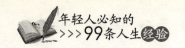

较快地逃离暂时的不幸，但在不远的前方还有多少困境，谁也无法预料。他们一旦失去外界的援助，大多在困境中不能自拔，甚至自甘堕落。而在逆境中懂得自救的人，也许在苦痛中煎熬的时间会长一些，但他们从中锻炼并增强了战胜困难的信心和勇气，当再一次身逢逆境时，就能变得从容而机智。

积极的人绝不会坐失对自己有用的手段或机会。他会最大限度地利用一切可调动的资源和条件。他会在看起来似乎毫无希望的时候发现生机，从而化险为夷、转逆为顺。"每次陷入困境，对我来说就是又一次挑战。我喜欢逆境，更享受在逆境中自救的过程。"大自然可以给我们的，除了困境，还有困境中积极的生活态度。

4. 练就坚韧的个性，可以征服任何一座山峰

不灰心的性格能让人在厄运和困难面前仍旧能坚持自己的梦想，能够促使一个人把工作做得很出色，从而取得最终的成功。

谭墨兰是一位英勇的国王，他喜欢向朋友们诉说他早年的经历。有一次，他说："我有一次，被仇敌追逼，不得已就藏匿在一所破旧的土墙边上。这个时候，我在那里站了几个钟头。当时的我万念俱灰，再也没有志气和勇气去做前面的事业了。然而就是在绝望之中，我看到一只蚂蚁，背着一粒大它数倍的谷子，沿着墙壁尽力地向上拖走。它跌下来许多次，但是它每一次都会仍旧努力地向上面爬。我曾经数过它跌倒了 69 次，但是它却一点也不灰心气馁。在第 70 次的时候，它就达到了高墙的顶层上面，为此，我深受感动，每个人生也应该像蚂蚁那样，永不灰心。"

一个人只要拥有不灰心的性格，在他的面前就会没有任何事情能够击倒它。相反，则只会止步不前，处处碰壁。

每个人在为梦想奋进的过程中，难免会遇到各种艰难险阻，而如果意志薄弱，随意放弃，只会半途而废，这样的人很难取得大成就，有大作为的。一个人拥有不灰心的性格，在任何情况下，都能坚信自己，重整旗鼓，达到最终的目标。

在美国有这样一个人，他的父亲是一位赌徒，母亲是一个酒鬼。在这样的环境下，他很小就辍学回家，成为街头混混。直到20岁的时候，他才猛然醒悟，认为自己不能这样走下去，否则，会成为社会的垃圾，人类的渣滓，自己也会痛苦，所以，他决心要走一条与父母迥然不同的道路，尽力要活出个人样来。但是，能做什么呢？

经过长时间的思索，他觉得找份工作是不太可能了，因为自己缺乏经验，没有技术；经商，又没有本钱……他想到了当演员——当演员不需要过去的清名，不需要文凭，更不需要本钱，而一旦成功，却可以过不一样的人生。但是他显然不太具备做演员的条件，没有"天赋"，没有接受过任何的专业培训。然而，他想这也许是自己今天唯一出头的机会，他对自己说：决不灰心，绝不放弃！

于是，他就孤身一人来到好莱坞，找明星、找导演、找制片……找一切可能使他成为演员的人。但是，最终却被拒绝了。但他并没有因此而伤心难过，他认为，以自己的条件被拒绝也是极为正常的，就将每一次的失败当成是一次学习的机会吧！

随后，他又重新去找人……但是，很不幸，一晃两年过去了，身上的钱也花光了，只好在好莱坞做些粗重的零活，这两年来他遭到的拒绝有1000多次。随后，他又想出了一个"迂回前进"的思路：先写剧本，待剧本被导演看中后，再要求当演员。但当时的他已经不是一个门外汉了，两年多的耳濡目染，每一次被拒绝后，都有专门的

人对他口传心授一些做演员的心得，一次次的学习，一次次的进步，让他具备了写电影剧本的基础知识。

一年后，剧本写出来了，他又拿着拜访各位导演。但是，他又一次被拒绝了，他依然不放弃。最终他的精神被一位导演所感动，就答应给他一次机会，为了这一刻，他已经做了三年多的准备，终于可以一试身手了。

面对来之不易的机会，他自会竭尽了全力，全身心地投入其中，最终获得了巨大的成功，他的演出创下了全美国最高的收视纪录！

这个人就是世界顶尖的电影巨星——史泰龙。

在无数次的挫折和困难面前史泰龙都不灰心、不放弃，将所有的哀怨都化为了前进的动力，最终才取得了巨大的成功。

若将人生的目标比喻成一座大山，挫折和困难就是人在攀登大山中难以把握、难以预期的崎岖的山径，我们时刻要以坦然的心态面对，不悲伤、不哀怨、不灰心，要将所有的悲伤、哀怨都化为前进的动力，最终才能够取得巨大的成功，这是修炼不灰心性格必备的一种态度。

5. 知苦还尝，才能成人所不能

《菜根谭》中有言："横逆困穷是锻炼豪杰的一副炉锤，能受其锻炼则身心交益，不受其锻炼则身心交损。"就是说，苦难或者是贫困，都是上天要锻炼优秀人才时所使用的打铁锤。铁锤凿凿，若能经得起种种磨难而未被打压下去，必能有益身心；反之，若予以逃避，则身心必将受损。所以，在奋斗的过程中，遇到苦难时，非但不能沉溺其中不能自拔，而是应该带着一颗感恩的心，将它们暂且忘掉，然后再心怀信念地继续前方的路。

生活中，面对落榜、失恋、失业……现实中，你是否四处碰壁、伤痕累累？你是否时常怨恨、畏惧、沉沦？要知道，你所经历的不幸，都是上天对我们的锤炼，它是我们获得成功的推动力。

有一天，龙虾与寄居蟹在深海之中相遇，寄居蟹看到龙虾正在将自己的硬壳脱掉，只露出娇嫩的身躯。寄居蟹看到此，极为紧张地说道："龙虾，你怎么把你唯一保护自己身躯的硬壳也放弃呢？难道你不怕撞到尖硬的石头吗？难道不怕有大鱼一口把你吃掉吗？依据当前的情况来看，连急流也会将你冲到岩石中去，你不死才怪呢！"

而龙虾则气定神闲地回答："很感谢你的关心，但你并不了解，我们龙虾的每一次成长，都必须先脱掉旧壳，才能够生长出更为坚硬的外壳，面对磨难或危险，都是为了将来发展得更好而做准备。"

寄居蟹细心思量一下，自己每天只是待在可以避险的地方，而没有想过如何才能使自己长得更为强壮，整天都活在别人的护荫之下，难怪自己永远不会成长。

对于那些害怕危险的人，危险是无处不在的。每个人都有一定的安全区，你想跨越自己的成就，就不要画地自限，要勇于面对痛苦、艰险，并且勇于接受挑战，并且充实自我，你一定会比自己想象的还要好。

张怡宁，大家都熟知的运动员。她从5岁开始喜欢上乒乓球，经过教练的专业训练加上自己的勤学苦练，终于经过重重的比赛选拔，她入选了国家队。自从入选国家队后，她的成绩总是在第一和第二之间徘徊，对于一个普通人来说，其实屈居第二也不错，但是对她来说，第一才是她的目标。

从她进入国家队开始，她就成为了队里野心最大的人。入选国

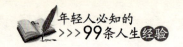

家队的第二年，她便杀入了世乒赛的女单决赛。作为一个初出茅庐的新人来说，她能杀出重围进入决赛已经很不容易了，但是她怎会满足于这点儿成绩，她最终败给了女乒王牌——王楠。

她没有想到的是，自己每天的刻苦训练，得到的却是让她一度失望的成绩，接下来的几年，几乎成为了她人生的低谷。2000年的时候，因为在预选赛上发挥不佳，她错失了参加悉尼奥运会的机会。比赛失败的那天，她在台上什么也没有说，比赛完后，她冲出赛场，冲到大雨中，她的理想在一瞬间毁灭了。她的内心充满了深深的自责。在接下来的多次比赛中，她出现了许多失误，为了发泄情绪，她摔拍子、踢球板，甚至扔浴巾。她教练很是理解她，知道她每天练球都很刻苦，但是她年龄还小，显然还不具备击败对手的心理素质。为了发泄她内心的苦闷，她直接拿锥子扎自己的大腿，她的教练后来回忆的时候这样说："不是每个人都能对自己那么狠。我活到这把岁数，还没见到过对自己这么狠的孩子。"

接下来的日子，张怡宁开始了更为刻苦的训练。后来，当她回忆起那段时间时，她曾这样说道："那一年，我没有患上精神病，已经是万幸。"那一年，无论是吃饭、睡觉、走路，她想的都是怎样超越王楠，成为乒乓球世界里的王者。

就像古话中说的那样，"吃得苦中苦，方为人上人。"

几年的惨痛失败，让张怡宁获得了难得的财富。在2004年的时候，她获得了雅典奥运会女单、女双冠军，世界杯冠军，国际乒联巡回赛女双冠军。成功终于向她挥手。在2005年的时候，她再次获得女单、女双冠军，成为继邓亚萍、王楠之后第三位实现大满贯的女运动员。

面对成功，她这样说："我在大小比赛中，我失败了近100次，本来我可能被这些厄运所吓退，做不成我想做的事情。结果相反，我让自己先从往日的困顿中走出来，然后，以一颗轻松且热情的心，使它们鞭策着我勇往直前。"

如果一个人仅仅将眼光拘泥于过去的伤痛之中，他就极难再抽出身想一想自己的下一步该如何，最终如何成功。

一个拳击运动员说："当你的左眼被打伤时，你得忘记它给你带来的伤痛，而且你只有把右眼睁得大大的，才能够看清敌人，也才能够有机会还手。如果因为怀念左眼，而将右眼闭上，那么不但右眼也要挨拳，恐怕命都难保！"拳击是如此，你面对对手无比强劲的攻击，你还是得从过去的双眼之中过渡到只剩下右眼的现实中，并且还得睁大眼睛面对受伤的感觉，如果不这样的话，一定会惨败。经营我们的事业也是如此。

大哲学家尼采说过："受苦的人，没有悲观的权利。"已经受够了苦，为何还要沉浸于悲观之中呢？因为受苦的人，必须要克服困境，因为苦已经受了，悲伤与哭泣只能加重你的病情，悲伤与哭泣只会加重病痛，所以不但不能悲观，而且还要更为积极地去面对过往的昨天与还未到来的明天。

在奋斗的过程中，总会遭遇到不同程度的苦难，世界上没有绝对的幸运儿。曾经的苦难可以激发出生机，也可以扼杀生机；可以磨炼出你的意志，也可以摧毁你的意志；可以启迪智慧，也可以蒙蔽智慧；可以高扬人格，也可以贬抑人格，关键要看受苦者是否有坚强的意志力，是否有知苦还尝的精神。

如果无法改变厄运对我们的磨难，那么就勇敢地接受它吧。虽然我们有足够的理由怨恨，但却没有能力承受怨恨再次带给我们的伤害。所以，绝对不能被厄运所打倒，一定要从被击败的地方重新爬起来，忘记昨日的苦与痛，创造今天的甜与美。

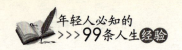

6. 别被失败击倒

人生有高峰也有低谷，一旦被失败击倒，就可能永远失去了反败为胜的机会。

在冰天雪地中历险之人都明白，凡是在途中说"我已经撑不下去了，让我躺下来喘一口气"的人，结果只有一个，那就是死亡。因为当他不再走、不再动时，他的体温便会迅速地降低，很快就会被冻死。在人生的战场上，如果你失去了跌倒后再爬起来的勇气，得到的结果只有一个，那就是失败！

本田公司创始人本田在他的传记中就曾这样写道："我的人生就是失败的连续。正是在与失败一次次的较量中，我才得到了最终的成功！"英国《泰晤士报》前总编辑哈罗德·埃文斯一生中曾经历过无数次失败，其中包括他在80年代中期对《泰晤士报》进行改革的失败。但他却从未在失败中沉沦。他说："对我来说，一个人是否会在失败中沉沦，主要取决于他是否能够把握自己的失败。每个人或多或少都经历过失败，因而失败是一件十分正常的事情。你想要取得成功，就必得以失败为阶梯。换言之，成功包含着失败。关于失败，我想说的唯一的一句话就是：失败是有价值的。因此，面对失败，正确的做法是：首先要勇于正视失败，然后找出失败的真正原因，树立战胜失败的信心，以坚强的意志鼓励自己一步步走出败局，走向辉煌。"失败是成功的入场券，它能教会我们如何寻求到经验与教训，是我们通向成功的必要的投资。

林肯，美国历史上一位伟大的总统，然而，他的伟大与辉煌正是在经历无数次的挫折和磨难铺就的。1832 年，林肯失业了，这使他伤心不已。他曾经下决心要当政治家，当州议员，但令人担心的是，他竟然连一份养家的工作也丢了，这给了他巨大的打击。

接下来，他开始着手开办企业，但不到一年，企业又倒闭了。不仅赔光了所有的钱，而且还欠下了一大笔债务，以至于使他在之后 17 年的时间中，为生活到处奔波，历尽折磨。

随后，林肯决定参加竞选州议员，这次他成功了。他内心终于萌发了一丝希望，认为自己的生活有了转机："也许我要成功了！"

1835 年，林肯想结婚了。但是，在婚礼前的几个月，他的未婚妻却不幸去世，这给他带来了巨大的精神压力。他曾经心力交瘁，数月卧床不起。1836 年，他得了神经衰弱症。1838 年，林肯觉得身体状况逐渐良好，于是决定竞选州议会议长，可他再次失败了。1843 年，他又参加竞选美国国会议员，而这次仍然没有成功。他不断地尝试，但是一次次地失败。然而，他仍旧没有放弃，他知道，只要坚持，终会成功。在 1846 年，他又一次参加竞选国会议员，最后终于当选了。

两年任期很快过去了，他决定要争取连任。他认为自己作为国会议员表现是出色的，相信选民会继续支持他。但结果很遗憾，他落选了。

这次竞选，让他又损失了一大笔钱财。他曾经申请当本州的官员，但是州政府又将他的申请退了回去，上面指出："作为本州的土地官员，要求有卓越的才能与超常的智力，你的申请未能够满足这些条件。"

接连又是两次失败。在这种情况下，林肯还会坚持继续努力吗？

然而，作为一个聪明人，林肯没有服输。1854 年，他竞选参议员失败了；两年后他竞选美国副总统提名，结果被对手击败；又过了

两年，他再一次竞选参议员，还是失败。

林肯尝试了 11 次，可只成功了 2 次。但他一直没有放弃自己的追求，一直没有被失败击倒。终于在 1860 年，他当选为美国总统。

海明威说："世界击倒每一个人，之后，许多人在心碎之处坚强起来。"成功者不在于跌倒的次数有多少，只在于总是比跌倒的次数多站起来一次；不在于没有失败，只在于绝不被失败所击倒。林肯固然有许多承认失败的理由，但他是一个聪明人，面对困难他没有退却、没有逃跑，他坚持着、奋斗着。他从来就没有想过要放弃努力，他不愿放弃下一次的机会，所以他成功了。

在人生的迈步阶段，如果你一次没有成功、两次没有成功、三次还是没有成功，当面对这接二连三的一切时，你是否会放弃呢？其实，林肯遇到过的挫折和磨难，我们都曾经遇到过。把普通人打倒的并非是残酷的现实，而是我们自己。被击倒并非是最为糟糕的失败，因为击倒之后可以选择重新站起来。

爱迪生是一个异常勤奋的人，从小就对电器产生了浓厚的兴趣，自从法拉第发明了电机以后，他就决心制造电灯，为人类带来光明。为了发明电灯，他失败了不止上千次。

刚开始，他所遇到的困难是要寻找到灯丝的材料，他先用炭化物质做试验，失败后又以金属铂与铱高熔点合金做灯丝试验，还做过上质矿石和矿苗共 1600 种不同的试验，结果都失败了。

不过，失败并没有让爱迪失放弃希望，而是将那些"失败"丢到脑后，继续进行着自己的实验。后来，他用炭丝装进玻璃泡里，一经试验，效果很好。就这样，世界上第一批炭丝的白炽灯问世了。1889年岁末的晚上，爱迪生电灯公司所在地的那条街道灯火通明，这就是爱迪生的杰作。

虽然电灯发明成功，但是这种电灯依旧有很多毛病，大规模推广的可能性很难，这对爱迪生来说，依旧是一场失败。于是，他再次选择了继续进行钻研。后来有一次，他用炭化竹丝做成一根灯丝，结果比以前做的种种试验都理想，这便是爱迪生最早发明的白炽电灯：竹丝电灯。最后，爱迪生把炭化后的竹丝装进玻璃泡，通上电后，这种竹丝灯泡竟连续不断地亮了 1200 个小时。

就是为了这看似简单的电灯，爱迪生几乎把自己的精力都投在了试验上，仅植物类的炭化试验就达六千多种。可是，无论多少次失败，他都将失败的阴影抛到了九霄之外，大约经过 5 万次的试验，写成试验笔记 150 多本，方才达到目的。

爱迪生小时候曾被人称作"傻子"，也许正是那份傻气，才让他拥有永不放弃的精神，最终成为世界上闻名的发明大师。

其实，每个人的一生，都难免会遭受挫折与失败。不同是的，失败者总是将一时的挫折当失败，从而使自己深深地受打击；成功者则从不言败，在一次又一次的挫折面前，总是对自己说："我不是失败了，还是还没有成功。"一个暂时失败的人，如果继续努力，打算赢回来，那么，今天的失利，就不是真正的失。相反地，如果你失去了再战的勇气，那么就是真的输掉了。

7. 超越痛苦，成就非凡人生

如果人生没有磨难，那么或许本身就是一种灾难。因为长期生活在安逸舒适、无忧无虑的环境中，惰性就会战胜一切，无法优胜劣汰，人类也无法得到进化，社会也不会向前发展。而只要我们每个人认真审视自己的内心，就会欣然发现，点燃自己灵魂之光的，往往正

是一些当时被视为磨难和困苦的境遇或事件。

有一年上帝看见农夫种的麦子获得了大丰收，感到很开心，就向农夫祝贺收成。农夫却对上帝说："上帝啊，这么多年来我每天都在祈祷，祈祷每年不要有风雨、冰雹，不要有干旱、虫灾。可无论我怎样祈祷您总不能让我如愿。这是为什么呢？"农夫突然葡匐在地上，吻着上帝的脚说："全能的主呀！您可不可以明年允诺我的请求，只要一年的时间，没有大风雨、没有烈日干旱和虫灾？"上帝看农夫这样乞求，摇摇头说："好吧，明年一定会如你所愿。"

第二年，果然没有狂风暴雨、烈日干旱和虫灾，农夫的田里的麦子也结出许多麦穗，比往年几乎多了一倍，农夫十分激动兴奋。可等到秋天的时候，农夫惊讶地发现田里的麦穗竟然全是瘪瘪的，没有什么好麦粒，收成居然还没有往年收成的一半多。农夫含着眼泪问上帝："主呀，这究竟是怎么回事啊？"上帝告诉他："因为你的麦穗避开了所有的考验，才变成这样。"

一粒麦子，尚且无法避开狂风暴雨、烈日干旱和虫灾等挫折的考验，那么，对于我们人类，更是如此，没有灾难，就没有成长。有人说，人类的脸就像一个"苦"字，天生就要受尽各种苦难的折磨。是的，人的一生，在自己的哭泣中出生，在亲人的哭泣中辞世，中间短短几十年，无时无刻不在和艰难、挫折、疾病、痛苦打交道。

人需要经历痛苦与折磨才能真正成熟起来，只有超越了痛苦，才能真正成就自己。1978年，国外的一家机构曾对1000名下半身麻痹的残疾人和1000名正常人的"快乐指数"与"痛苦指数"进行了一次调查。调查结果却令人大吃一惊：1000名残疾者的"快乐指数"竟比正常人高出15个百分点，而"痛苦指数"却比正常人低了8个百分点。

原来，关于生理上的缺陷，关于生命和死亡，关于希望、失望和绝望，我们都可以认为会有痛苦；但同时，我们可以选择憔悴或者鲜活，可以选择留下或者走开，一切都在自己手中。智者不是没有痛苦，而是他们在战胜痛苦的过程中超越了痛苦，同时也就超越并成就了自己。就像凤凰涅槃，经历烈火的煎熬和痛苦的考验，才能获得重生，并在重生中达到升华。

他是世人皆知的科学家，当代最杰出的理论物理学家，一个科学世界的巨人，他的著作发行几千万册，被译成40多种语言。为了满足人们对黑洞和微观世界各种未知物质的理解，他的研究还被搬上银幕。由于他在天体物理学研究上取得的成绩，1978年他获得了爱因斯坦奖。被誉为继爱因斯坦之后世界上最著名的科学思想家和最杰出的理论物理学家。

不过，再多的荣誉也改变不了他的命运，21岁时他不幸患上了会使肌肉萎缩的卢伽雷氏症，所以被禁锢在轮椅上，只有两根手指可以活动。1985年，因患肺炎做了穿气管手术，彻底被剥夺了说话的功能，演讲和问答只能通过语音合成器来完成。

这就是霍金。

卢伽雷氏症对于霍金来说，几乎是最残酷的灾难。不幸罹患这种疾病的人，还有另外一个被人们常常提到的名字——渐冻人。就好像一个人被渐渐冰冻起来一样，患者会逐渐失去所有活动能力，但是思维却始终清醒。不能说，不能动，所思所想无从表达。即使头脑中有再多的知识，也无法被人们了解。所知所想无法表达，那么自己苦心研究得出的成果又有什么意义？人们说心有多大舞台就有多大。奈何心中有很多想法，却永远也不能表达清楚。不知道生命的长度，梦想还能存在多久？

可是，霍金心里更明白，或者，唯有心中的梦想，才是打破命运的枷锁，才能把生命中的痛苦，变成美丽的意外，然后，让自己的梦

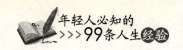

想继续。

虽然身体的残疾日益严重，但霍金却力图能够像普通人那样生活，完成自己所能做的任何事情。有时候，他甚至是活泼好动的——这听起来有点好笑，在他已经完全无法移动之后，他仍然坚持用唯一可以活动的手指驱动着轮椅在前往办公室的路上"横冲直撞"；当他与查尔斯王子会晤时，旋转自己的轮椅来炫耀，结果轧到了查尔斯王子的脚趾头。当然，霍金也尝到过"自由"行动的恶果，这位量子引力的大师级人物，多次在微弱的地球引力下，跃入轮椅，幸运的是，每一次他都顽强地重新"站"起来。

身为年轻人，也许我们无法做到像霍金那样乐观，更无法拥有那么坚强的意志力，但是我们还是比他幸运得多不是吗？一个可以自由活动的肢体，随时随地表达自己的意见，甚至，我们并没有期待着自己能够取得如霍金一般的成绩，那么，我们只需要多一点点坚强，就可以抓到成功了，不是吗？

人生的道路上，困厄是常规，幸运是奇迹。在某一阶段，坦途总会少于荆棘，甚至还会有让人痛不欲生的艰难。茫茫大千世界，有多少脆弱不堪的人在面对风雨时畏畏缩缩，因放大痛苦而一蹶不振。而心灵强大的人则把这一切看作是一种孕育着成功希望的机遇，接受、沉着而坚挺地迈向成功！

8. 卓越都是"熬"出来的

在前进的过程中，对目标的坚持，经受现实的打击和磨难，其实就是一个"熬"的过程，就像齐天大圣在太上老君的炼丹炉中苦炼

49 天而成为火眼金睛，"熬"是一种力量，一旦暴发，必定惊人。

著名作家池莉说：懂事，是熬出来的，"熬至滴水成珠。"道出了人生在奋斗中，忍受疼痛中，那种寻觅、沉吟、安宁和喜乐的心情。

人生本身就是一个修炼的过程，这种修炼就是一种"熬"，煎药般的"熬"，煲汤似的"熬"。璞要经过工匠的千雕万凿，才能成为价值连城的美玉；蛹要经过痛苦的四次脱皮，才能变成翩翩起舞的飞蝶。渴望成功就不要畏惧"熬"的艰辛。李时珍撰写医药典籍，历时27 年，访遍名山大川，尝遍百花野草，终于著成《本草纲目》造福后代。司马迁为给后人留下公平的历史记载，忍辱负重，煎熬十年，终成《史记》，为后人研究古代历史提供了详尽的史料。如此，我们可以看出，每一个成功者无不具备坚强不屈，百折不挠的心志，才能熬得住艰辛，挺得起人生。

新东方创始人俞敏洪说："成功是熬出来的。别人需要五年做的事情，我做十年；别人做十年的事，我做二十年。只有坚持下来，即便不成功，也尽力无悔了。"能够实现梦想的那个人，往往不是最有才华的人，而是"熬"到最后也绝对不放弃的那个人。

"熬"的过程是一个自我修炼的过程，它可以增强我们的心智，练就忍耐、沉稳与坚韧。在收获平和心态的同时，我们便会逐渐地经得住折腾，担得起风浪，苦尽甘来的感觉是极为珍贵的，就如老酒一般，经过长时间的酝酿，才能历久弥香。一个抱着自己的人生目标"熬"了20 年的人，会有怎样的结果呢？

他是一个农民的儿子，初中还没毕业就因为贫困的家境只能辍学务农。

18 岁的时候，他的父亲去世了，家里全部的重担都压在了他稚嫩的肩上。他不光要照顾身体不好的母亲，还要照顾一位瘫痪在床的祖母。那时候是20 世纪80 年代，农田承包到户，他把分到的一块

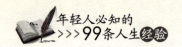

水洼地挖成池塘，想养鱼。但村长告诉他，水田不能养鱼，只能种庄稼，他只好又把水塘填平。这件事成了村里的一个笑话，在别人的眼里，他是一个想发财快想疯但是又很愚蠢的人。

后来，他听说养鸡能赚钱，就向亲戚借了 600 元钱，养起了鸡。但是偏偏遇上一场洪水，鸡得了鸡瘟，几天内全部死掉。600 元对别人来说可能不算什么，但是对于一个只靠几亩薄田生活的家庭而言，犹如一个天文数字。他的母亲受不了这个刺激，忧愁而终。

为了挣钱，改变家里的穷苦，他酿过酒，捕过鱼，甚至还在石矿的悬崖上帮人打过炮眼……虽然付出了很多的辛苦和劳动，可都没有赚到钱，他的生活仍然一贫如洗。

他不甘心这辈子只能这样度过，那一年他四处借钱，买来了一辆手扶拖拉机。谁知上路还不到半个月，就出了事故。拖拉机载着他冲到了农田的一条暗沟里，不但拖拉机变成了一堆破铜烂铁，他自己也被压断了一条腿，从此变成了瘸子。

35 岁的时候，他还没有娶到媳妇。因为他是个一无是处的瘸子，而且，他仅有的财产就是一间用泥土堆成的、一场大雨就可以冲毁的小屋。在农村，35 岁还娶不上老婆，是一件会让所有人都看不起的事情。

那时候，村里人都说，他这辈子，只能这样了。

可是，不甘心的他，怎能让生命就这样淹没在别人的鄙视之下？于是，他和那时候大多数的年轻人一样，选择了外出打工。在广州深圳，他在工厂里做过生产线上的工人，在路边支起一张小桌子兜售过水果，甚至，他还想要去读书"充电"……他做这些，并不是因为所谓的有志气，仅仅是希望摆脱贫困的生活，让众人的鄙夷变成艳羡。这些，才是他拼命坚持的背后的动力。

走进城市后，有心的他看到了商贸物流业发展的巨大潜力，于是跟人借了 5000 块钱，办起物流公司。起初因为资金少，他只好亲自跑到广州进沙发，一次只能运回一套至两套。他不是一个轻言放弃的人。不到两年，即便是在冬天淡季，他一个月也能赚到几万块钱。

近年来，他又请人制作了公司网站，将业务搬到网上，全国各地的订单像雪片一样飞来。现在他的公司拥有 150 多辆合同车，与陕西、安徽等十几个城市建立了业务关系。现在的他，每天上班第一件事，就是先打开电脑浏览网上订单，然后指挥员工装卸货物……

在他的努力坚持下，成功终于慢慢光临这个已经不算年轻的瘸腿男人，现在的他再也不是当初那个打零工的农民工，更不是路边水果摊的小老板，而是拥有上亿资产的物流公司老板。

他就是从农村闯出来的刘福刚，现在他的名字同样不被很多人知晓，但是在他的家乡，他无疑是最值得敬佩的人，他在别人的嘲笑和蔑视中，坚持了下来，经过无数的拼搏，他终于获得了成功。

后来，有媒体记者向他讨取成功经验时，他调侃地说道："比我有才能的人，没有我努力；比我努力的人，没有我有能力；既比我有才能、又比我努力的人，没有我能熬！"

这话回答得何等恰切！刘福刚的成功的确是在艰难之中熬出来的，正因为他二十年如一日地潜心"煎熬"，才会换来今天的辉煌成就。

真正潜心做事之人都有体会：成功是"熬"出来的。所谓"熬"，就是一个磨炼心性、聚精会神做一件事的过程和态度。一个"熬"字，多少时光岁月流转、多少点滴琐碎。"熬"字就是"难"字，就是"慢"字，就是"痛"字，就是"忍"字。明白这些，才能体会"熬"的无尽内涵。这种"熬"的结果，即便不成功，也诠释了最好的自己。

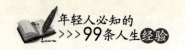

　　古人曰："天将降大任于斯人也，必先苦其心志，劳其筋骨，饿其体肤，空乏其身，行拂乱其所为，所以动心忍性，曾益其所不能。"卓越和伟大都是"熬"出来的，生命从忍受煎熬到享受煎熬的过程，就完成了一个成大事者历经磨砺进而蜕变腾飞的华彩转身。只有熬得住苦难的沉重，才能撑得起未来的辉煌。

第十章

年轻人，
社交其实很简单

社交指社会上人与人的交际往来，是人们运用一定的方式（工具）传递信息、交流思想，以达到某种目的的社会活动。只有不断地与各类人员进行交往和信息沟通，才能不断地丰富自己、发展自己。

疏于与他人交流，或者孤芳自赏、单枪匹马去奋斗的人，事业是很难成功的；相反，一个豁达开朗、善于沟通，有群体意识，一呼百应的人，成功一定会向他招手。在实际生活中，有一些年轻人常常感叹"世态炎凉""人情淡漠""世事无情"，因而影响到他们的工作和生活；还有一些年轻人，非常渴望参与社交，但是不善于、不知道怎样与人去沟通，不懂得怎样去接近他人，因而苦闷、焦躁，徒有满腹经纶却无法施展；更有甚者，一些人有一种莫名的自卑心理，不愿意接近他人，更谈不上进行社交活动。

掌握一些技巧，社交其实很简单。

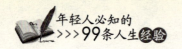

1. 把赞美送给别人

　　哲学家詹姆士精辟地指出："人类本质中最殷切的要求是渴望被肯定。"而赞美是肯定他人的一种方式。

　　我们知道，人人都爱听赞美的话。在人际交往中，赞美是人际交往的润滑剂。它不仅可以消除人与人之间的隔阂，增进彼此之间的友谊，更重要的是学会赞美能让你在交际场上大受欢迎。

　　然而，对于大多数刚刚毕业的大学生来说，之前只听到别人赞美自己，而现在动辄对别人刮起冷言批评的寒风，更不情愿赞美他人，送去温暖和煦的阳光，从而使自己的发展受到了很大的限制。

　　有一个小故事：

　　从前，有一个猎人，善于打猎，附近的人纷纷前来拜师。

　　一天，猎人只猎得两只兔子回来。甲看见后冷漠地说："你一天只打到两只小野兔吗？真没用！"

　　猎人不太高兴，心里埋怨起来，你以为很容易打到吗？于是没理甲就扬长而去。

　　甲灰溜溜地走了。

　　乙遇到猎人时则恰恰相反，他看到猎人带回了两只兔子，欢天喜地，"你一天打了两只野兔吗？真了不起！"

　　猎人听了满心喜悦，心想两只算什么。

　　于是，猎人驻足脚步，停了下来，耐心地跟他讲，他是如何打的这两只兔子：怎样去寻找兔子的藏身之地；怎样靠近兔子，才不会被发现……说了很多有关猎取兔子的经过。

乙耐心地听着，猎人看到了乙拜师学艺的诚意，不仅收了他做自己的徒弟，两个人还成为了好朋友。

这个故事告诉我们，赞美是一朵艳丽的花朵，赞美是一抹温暖阳光，有赞美的地方就有和谐的春天，有赞美的地方就有收获的希望。

一个肯定的眼神、一阵轻轻的掌声、一句轻轻的赞许，都足以温暖一个人的心灵，能使别人如沐春风，为你赢来一分好感、一分友谊、一分收获。赞美的作用在于，在你赞美别人的同时，别人也会给你回报。在人际交往中，你不但推销了对方，也在间接中推销了你自己。

赞美他人即是一种关心他人的方式，也是一笔暂时看不到利润的投资。

因此，年轻人要记住，不要吝惜你的赞美，从现在起解开束缚，敞开心扉，把赞美及时送给别人，人与人之间才不再陌生，更不再冷漠，你才会得到更好的回报。

每个人都渴望得到别人和社会的认同，我们在付出必要的劳动和热情之后，都希望得到别人的赞许。那么把自己需要的东西，首先慷慨大方地奉献给别人，别人才会给你回报。这是人与人之间交往的黄金法则。

赞美是拉近彼此距离的纽带。说赞美话是如今我们为人处事必备的技巧，同时学会赞美别人是一门艺术，同样需要有技巧。

1. 善于找到对方真正的闪光点，实事求是。

好的赞美如同好的粉底，不着痕迹的粉饰，却能提亮人的闪光点。只有名副其实、发自内心的赞美，才能体现它的魅力。赞美的内容应该是对方拥有的、真实的，最好的一面，而不是无中生有，更不能将别人的缺陷、不足作为赞美的对象。如你对一个工作能力强的

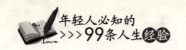

胖子说："呀，你多苗条！"还不如说："你工作真的很棒！"

2. 生人看特征，熟人看变化。

第一次见面我们要寻找他显著的特征，第二次见面就要寻找他身上发生的变化。这样的赞美会收到很好的效果。

3. 背后赞美别人效果更好。

背后赞美别人，这是真正处世高手的绝招，这样做会达到润物细无声的效果。

4. 第一时间送上赞美。

赞美是有有效期的，在对方获得成功时，应立即送上赞美。

5. 赞美别人的忌讳。

不要太夸张。适度的夸张可以增强赞美的效果，但过分的夸张会使赞美脱离实际情况，让人感觉缺乏真诚。

言不由衷。赞美要真正发自肺腑，情真意切。言不由衷的赞美无疑是一种谄媚，只能招来他人的厌恶和唾弃。

过分粗浅的溢美之词。过多的溢美之词，会毁坏了你的名声和品位，不利于人际交往。

2. 说话做事，不偏激，不过头

《吕氏春秋·博志》中说："全则必缺，极则必反，盈则必亏。"任何事物的发展都是物极必反。因此，年轻人，你们刚刚踏入社会，面对社会上的种种不同的人，说话做事，应该不偏激、不过头，这样才能进退得宜，帮你在交际中如虎添翼，助你人生锦上添花。

说话是一门艺术。会说话的人，话往往说得稳妥、严谨、留有余

260

地、恰如其分，反之，话常常说得偏激、绝对、满装满载。可以说，工作上，话说得太满，一不小心，就会将自己推入尴尬境地。

《韩非子·难一》中记载着这样一个故事：

有个以卖盾和矛为生的楚国人，一天在集市上，拿着他的盾对集市上的人夸他的盾说："我的盾坚固无比，任何锋利的东西都穿不透它。"

接着又夸耀自己的矛说："我的矛锋利极了，什么坚固的东西都能刺穿。"

有人问他："用您的矛来刺您的盾，结果会怎么样呢？"

楚人便答不上话来了。

楚人话说得太满，最终陷入了尴尬，使自己的矛、盾都卖不出去。

可以说，世间不会有绝对的好和坏，不会有绝对的美和丑，不会有绝对的近和疏……因此，话不可说得太完美，不留余地，不给自己一点改过的机会。

美国有一个非常著名的推销员在谈到他为什么会成功时，讲过这样一个故事。

一次他在推销《幼儿百科全书》时对一家人说，他的这套书能解答孩子们提出的任何问题。然后他又对那家的孩子说："小朋友，你随便问我一个问题，看我怎么从书上找到你想知道的答案。"这个小朋友问："上帝穿的是什么颜色的衣服？"

这个推销员听此一问，当时就面红耳赤，无以言对。从这次经历，他总结出一个经验，那就是：话不能说得太满，留给自己一点改过的机会。正因为他明白了这一点，后来他借此走上了成功之路。

孔子曾说："三思而后行。"说话办事不能凭第一感觉，凭一时的冲动，要为对方考虑、为自己考虑、为他人考虑，做到考虑周到，出

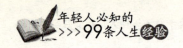

了问题，才能保全自己，给自己留下回旋的空间、余地，才能成就事业。

因此，年轻人要给自己设一堵墙，否则，难倒的只能是自己。说话如此，做事更是如此。

世事曲折如道路，人情翻覆似波澜。生活中有很多事情，我们根本无法预料其发展势态，因此，得饶人处且饶人，留点后路，于人于己，万事不可做太过。

春秋时期，齐国有一人叫冯谖。此人深懂深谋远虑。

因为太穷而不能养活自己，冯谖便在孟尝君门下寄居为食客。

一天，孟尝君贴出一张布告，向门下所有门客征询，谁能为我去薛地收债？

冯谖说："我愿意。"孟尝君答应了他的请求。向孟尝君告辞说："收完债，买点什么东西回来吗?"孟尝君说："家里少什么就带点什么吧。"

冯谖赶着车到薛地，派官吏把该还债务的百姓找来核验契据。核验完毕后，能还的就还，困难的就不还，他还假托孟尝君的命令，把债款赏赐给欠债人，并当场把债券烧掉。百姓都高呼"万岁"。

又过了一年，有人在齐愍王面前诋毁孟尝君，罢掉了孟尝君的相位。孟尝君罢相后返回自己的封地，距离薛邑尚有百里，百姓们早已扶老携幼，在路旁迎接孟尝君。孟尝君此时方知冯谖焚券买义收德的用意，对冯谖很是感激。

出于孟尝君政治地位还不巩固的考虑，冯谖对孟尝君进言说"狡兔有三窟，仅得免其死耳"，并且说愿意"为君复凿二窟"。孟尝君便给他50辆车，500斤金去游说魏国。

冯谖西入大梁，对魏惠王说齐国之所以能称雄于天下，都是孟尝君辅佐的功劳，今齐王听信谗言，把孟尝君放逐到诸侯国去了，先生若能接他来梁国，在他的辅佐下，定能国富而兵强。惠王也久闻孟尝君的贤名，立即空出相位，以千斤黄金、百乘马车去聘孟尝君。

冯谖诱使魏惠王珍重、竞争孟尝君，从而引起了齐王的高度重视，齐王听到这个消息，君臣震恐，连忙派遣太傅，非常隆重地向孟尝君谢罪，任命为宰相。

从此，孟尝君富贵一生。

冯谖有超人的智慧，极具战略眼光，懂得深谋远虑、狡兔三窟之道，不把事情做绝，给别人一条生路，也就是给自己一条退路。冯谖去薛地收债，把债款赏赐给欠债人，并当场把债券烧掉，赢得了人心，使遭诋毁的孟尝君能得到薛地人民的拥戴。

历史已远去，今天我们亦在书写历史。凡事留有余地，退路上才能满载而归。利不可赚尽、福不可享尽、势不可用尽，不失为做事的万全之策。

然而，在现实生活中，许多人为了谋取求个人利益，而不惜把事情做绝，阻断了自己人生前进的道路，甚至葬送了自己宝贵的生命。

有这样一个寓言故事：

一只狼发现了一个山洞，各种动物皆由此经过，为了捕获各种动物，汲取美食。狼把这个洞里除洞口外的所有通道都封死了。

一天，老虎经过，狼没有了退路，却不料将自己陷入万劫不复之地，成了老虎口中的美食。

灭人者灭已。当我们对事情无法全面预料时，给自己留一条后路，才是较为妥当的做法。

待人处世，需要留有余地，是进退自如，是收放从容，是处世的艺术，是人生的哲学。不留余地，好比贪婪的狼一样，没有了退路，只能使自己陷入万劫不复的深渊。

气球留有空间，就不会爆炸；做菜时先要少放盐，因为味淡还有

补救。人在说话、办事时留有余地，使自己行不至于绝处，言不至于极端，有进有退，收放自如，就不会因为"意外"而无地自容。

俗话说："美酒饮到微醉后，好花看到半开时。"做事行不可至极处，至极则无路可走，言不可称绝对，称绝对则无理可言。年轻人在职场中，千万不能说话做事太偏激、太过头，以便有足够的条件和回旋的余地，主动采取积极的应付措施。

正如古训所说："知人不必尽言，留些口德于己；责任不必苛尽，留些肚量于己；才能不必傲尽，留些内涵于己；锋芒不必露尽，留些深恋于己；有功不必邀尽，留些谦让于己；得理不必抢尽，留些宽容于己；得宠不必恃尽，留些后路于己；气势不必倚尽，留些厚道于己；富贵不必享尽，留些福泽于己；凡事不必做尽，留些余地于己。"

晴天留人情，雨天好借伞。

战国时期，楚庄王赏赐群臣一起共欢饮酒，由他的爱姬作陪，席间歌舞妙曼，美酒佳肴烛光摇曳。

忽然一阵狂风吹来，吹灭了所有的蜡烛，漆黑一片。席上一位官员乘机摸了许姬的玉手，许姬一甩手，扯掉了他的帽带，匆匆回到座位上并在楚王耳边悄声说：

"刚才有人乘机调戏我，我扯断了他的帽带，你赶快叫人点起蜡烛来，看谁没有帽带就知道是谁了。"

楚庄王听了，连忙命令手下先不要点燃蜡烛，却大声向各位臣子说："我今天晚上，一定要与各位一醉方休，来，大家都把帽子脱了痛快饮一场。"众人都没有戴帽子，也就看不出是谁的帽带断了。

后来楚庄王攻打郑国，有一将领独自率领几百人，为三军开路，斩将过关，直通郑国的首都，而此人就是当时摸许姬手的那一位。他因楚王施恩于他，而发誓毕生忠于楚王。

说话做事，应留余地，因为，一个人无论多么成功，都不能担保

264

自己没有倒霉的时候。正因为楚庄王给臣子留了余地，才换来了下属的忠心耿耿。

那么，对于刚刚涉世的年轻人来说，如何才能使自己做到话不说满，事不做绝呢？

1. 谨开言而慢开口。

年轻人凡是要说话时都要三思而后言。不要轻易打保证，对别人的请托可以答应接受，但不要"保证""一定行"，应代以"我尽量，我试试看""我全力以赴"的字眼，即使事情没做好，别人也不会怪罪你。

2. 凡事要留有余地，注意分寸。

《道德经》说："天之道，损有余，而补不足。是故虚实胜，不足胜有余。"说的就是处世时，一定要谨慎，凡事留三分余地。凡事做绝，等到江郎才尽的时候，就是自己吃亏之时。

3. 微笑是世界上最美丽的"语言"

微笑之美源于瞬间绽放的美丽，是一种直入人心的欢喜之音。微笑是世界上最美丽的语言；微笑是世界上最强大的力量；微笑是世界上最流畅的沟通。一个真实的微笑能撼动人心，改变世界。

人们都说，微笑是走进他人心灵的通行证，是朋友间最好的语言，一个发自内心的微笑，胜过千言万语。无论是初次谋面或相识已久，微笑都能缩短人与人之间的心理距离，为深入沟通与交往创造温馨和谐的氛围。因此微笑是人际交往的润滑剂。

在人际交往中，没有微笑，世界是冰冷的。在社交中，有时会有

一些你不愿意接受，不太喜欢的东西，从而让你不愿跟别人交往，使得人际关系陷入泥潭中，这时，若有一缕晨风，一米阳光，一抹微笑，生活就宛如一泓碧水，静如处子，脉脉含羞！

我想任何一个人都不愿意接近一个"冷面"的人，若能有一个甜美的微笑，即使是一朵无名的小花，也会在幽谷里芬芳四溢，四季常春。

微笑，如甘醇，使人沉醉；如花香，使人痴迷。一个微笑，柔情万千、魅力无限，宛如春风细雨，滋润了人们干涸的心田；又如明媚的春光，抚慰了人们孤寂的心灵。

在人际交往中，为别人带去微笑，笑过后是一片余晖……

在英国，有一个小男孩叫达西，很不幸在一次意外中，他被一根刮断了的电线电到了脸。虽然没有致命，可是把达西的右边的脸颊烧坏了，因而引起了一场官司。

在法院里，被告方以各种理由拒绝赔偿小男孩达西的损失，法官也便不在意这件事，官司僵持了很久。

在接下来的一次开庭中，原告的辩护律师要达西把脸转向陪审团笑一笑，结果只有左脸颊能笑，右脸颊因神经烧坏，根本笑不起来。

最后只花了12分钟，陪审团就一致通过，小男孩达西可获得两万美元的赔偿金。

小男孩达西就因为这一微笑，博得了陪审团的同情心，开打了僵局，让他在法律上赢得了胜利。

年轻人，微笑吧，收获在微笑中继续。只要一个甜美的微笑，或许就承载了满满的爱，或许就能改变世界。

微笑如一缕春风吹在人的心房；微笑如冬日里那一束束阳光，洒满大地，温暖人心；微笑如浩瀚沙漠中的一汪清泉，给人希望。交换一个笑容，便能让友情常驻心间。

威廉已经结婚 20 多年了，在这段时间里，从早上起来，到他要上班的时候，他很少对自己的太太微笑，或对她说上几句话。威廉觉得自己是百老汇最闷闷不乐的人。

后来，在威廉参加的继续教育培训班中，他被要求准备以微笑的经验发表一段谈话，他就决定亲自试一个星期看看。

现在，威廉要去上班的时候，就会对大楼的电梯管理员微笑着，说一声"早安"；他以微笑跟大楼门口的警卫打招呼；他对地铁的检票小姐微笑；当他站在交易所时，他对那些以前从没见过自己微笑的人微笑。

威廉很快就发现，每一个人也对他报以微笑。他以一种愉悦的态度，来对待那些满肚子牢骚的人。他一面听着他们的牢骚，一面微笑着，于是问题就容易解决了。威廉发现微笑带给自己了更多的收入，每天都带来更多的钞票。

威廉跟另一位经纪人合用一间办公室，对方的职员之一是个很讨人喜欢的年轻人。威廉告诉那位年轻人最近自己在微笑方面的体会和收获，并声称自己很为所得到的结果而高兴。那位年轻人承认说："当我最初跟您共用办公室的时候，我认为您是一个非常闷闷不乐的人。直到最近，我才改变看法：当您微笑的时候，充满了慈祥，我愿意和你做朋友。"

人生智慧：你的微笑就是你好意的信使。你的微笑能照亮所有看到它的人。一个微笑，就像穿过乌云的阳光，足以穿透人的灵魂，拉近人与人之间的距离。

康拉德·希尔顿曾说："如果我的旅馆只有一流的设备，而没有一流服务员的微笑的话，那就像一家永不见温暖阳光的旅馆，又有何情趣可言呢。"微笑代表了友善、亲切、礼貌与关怀。它不用花什

么力气，就能使人浑身舒畅。只要你养成逢人就亲切微笑的好习惯，保证你广结善缘，事事顺利成功。那么，如何以微笑与人打交道呢？以下几个技巧可以作为参考。

1. 微笑基本要领。

放松面部表情肌肉，嘴角两端微微向上翘起，让嘴角略呈弧形，不露牙齿，不出声，轻轻一笑。

2. 表现适度。

微笑要始终如一，恰到好处。笑得得体、适度，才能充分表达友善、诚信、和蔼、融洽等美好的情感。

3. 微笑要神、情兼备。

"神"就是笑出自己的神情、神态，做到精神饱满；"情"就是要笑出感情做到关切友善。微笑必须发自心底才会动人，只有诚于中才能美于外。

4. 微笑三结合。

与眼睛结合。当你在微笑的时候，你的眼睛也要"微笑"，否则，给别人的感觉是"皮笑肉不笑"。学会用眼神跟别人交流，这样你的微笑才会更传神、更亲切。

与语言相结合。微笑不能光笑不说，微笑着说"您好""谢谢""再见"等礼貌用语。

与身体相结合。微笑要与正确的身体语言相结合，才会相得益彰，给别人留下最佳的印象。

4. 懂得付出和给予

老子《道德经》云："将欲取之，必固举之；将欲夺之，必固予之。将欲灭之，必先学之。"说的是：欲取之必先予之，就是想要夺取它，必须暂时给予它，没有付出，就不会有回报。这也可以用在人际交往中，如果想受到他人的欢迎，就要懂得付出和给予。

给予，是黑暗中的一盏明灯，给人带来光明，同时也给自己指引方向；给予，是冬日里的一把火，给人带来温暖，同时也温暖了自己的心田；给予，是沙漠中的一股甘泉，给人久旱后的滋润，给人以希望。

从前，有个人在茫茫沙漠中迷路了两天。食物和水全部用完了。当他快支持不住的时候，突然发现了一幢废弃的小屋。

这是一间不通风的小屋子，里面堆了一些枯朽的木材。他几近绝望地走到屋角，却意外地发现了一台抽水机。抽水机旁，有一个用软木塞堵住瓶口的小瓶子，瓶上贴了一张泛黄的纸条，纸条上写着：你必须用水灌入抽水机才能引水！

这时，这个人就想，喝下这点水自己就能活命，如果将瓶中的水倒入抽水机中，要是抽不上来，自己不就要死了？

这个人思前想后，最后还是决定试着把瓶子里的水倒入抽水机中，果然，水哗哗地从抽水机中流了出来。

这个人美美地喝上了一顿，又把自己的水袋装满了水，继续赶路了。

这个人面临着艰难的抉择，要么把这水壶中的水喝下去就能解

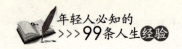

燃眉之急，要么按纸条上所说的，把这壶水倒进抽水机里，喝到更多的水，以保自己能走出沙漠；如果倒进去之后抽水机不出水，岂不白白浪费了这救命之水？

相反，他下决心照纸条上说的做，果然抽水机中涌出了泉水。

要想让生命之泉不干涸，就得先将水注入抽水机，欲取之必先予之，万物同理。

所以，年轻人要在与人交往的过程中，永远都不要占别人的便宜，不要去损害他人的利益，以善意和友好之心与人进行公平交易，并且我们要尽量给予别人多一些。抱着这样的美好信念去积极行动，我们就一定能够获取财富，得到我们想要的一切。

赠人玫瑰，手有余香。年轻人在索取一些东西的时候要考虑一下你们有没有先给予，没有给予的索取是不能长久的。如果你慷慨行事，那么你将得到同样慷慨的回报。

有一个盲人住在一栋楼里。每天晚上他都会到楼下花园去散步。奇怪的是，不论是上楼还是下楼，他虽然只能顺着墙摸索，却一定要按亮楼道里的灯。

一天，一个邻居忍不住，好奇地问道："你的眼睛看不见，为何还要开灯呢？"

盲人回答道："开灯能给别人上下楼带来方便，也会给我带来方便。"

邻居疑惑地问道："开灯能给你带来什么方便呢？"

盲人答道："开灯后，上下楼的人都会看得清楚些，就不会把我撞倒了，这不就给我方便了吗？"

邻居这才恍然大悟。

年轻人在人际交往中，多点帮助、关怀别人，这样不仅帮助了别人，同时也帮助了自己。

总之，在与人交往中，给予与奉献相连，与付出相通，与索取相对。只有懂得付出和给予了，才能得到意想不到的收获。

5. 距离才能产生美

一位哲人说过："真正的友谊需要保持一定的距离，有距离，才会有尊重；有尊重，友谊才会地久天长。"没有距离没有朋友，距离既是自尊，也是尊重他人。毕竟人是有思想的、独立的、完整的个体，同时也是有理性的、自私的动物。朋友之间互相关心是毋庸置疑的，但每个人都有自己喜欢的生活方式和相对独立的生活空间，如果任何事都不分你我的话，也会使友情陷入一种尴尬的境地。

没有距离，便没有美。美，依赖于距离来塑造。俗话说："一日不见，如隔三秋。"是距离培养了美的思念；"君子之交淡如水"，是距离，使感情如水，味儿平淡，却不能离开。

在一个飘雪的冬日，长白山森林中有十几只刺猬冻得发抖，只有它们互相依偎在一起才能够取暖。为了取暖，它们只好紧紧地靠在一起，可是如果它们靠得太近，就会因为刺猬的刺而互相受伤。但是如果离得太远，就会被寒冷的冬天所征服。

可是天气实在太冷，它们又想要靠在一起取暖；然而靠在一起的刺痛又使它们不得不再度分开。就这样反反复复地分了又聚，聚了又分，不断在受冻与受刺两种痛苦之间挣扎。

最后刺猬们终于找到一个适中的距离，可以相互取暖而又不至于被彼此刺伤。

这个故事告诉我们：距离是一种美，也是一种保护。人们在相处

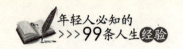

过程中就如刺猬一般，朋友间相处应该既能感受到对方的温暖又免于相互的伤害。留出距离就是给自己留出一个空间，也给对方留出一个空间，大家都有了自己的空间才会和谐相处。

或许许多年轻人都会为每天做着同样的事而枯燥无味；每天对着同样的人而厌烦。然而，同样的景色隔着一层面纱，视觉效果截然不同。留一点距离给彼此，心境也会顿然开阔！学学深林中的刺猬，保持一定的距离，既不刺到又能取暖。

我们都知道，每天都见面的人，慢慢地都会产生一点小摩擦，没有新鲜的感觉，如果好久不见，一旦突然走到一起，久别重逢，那种欣喜的美感真是难以言表。

人与人之间保持适当的尺度，不跨越彼此的界线，有种可望而不可即的期待，那才令人神往！像磁场吸引对方，而不是用绳子牵着走……一旦踏出警戒线，所有的神秘感也会瞬间即灭。

真正的友谊需要距离，给各自留点空间，远眺欣赏，体验情感的芳香，你会觉得这样更美。

有人说得好："交友之道，宛如观荷，亭亭如盖，盈盈欲开，最宜远观，而香随风送，无语沁人，至臻妙境；若太过近前，反见残枝败叶，腐水囿积，不免败兴。"生活中，每个人都有自己的空间，都有一方荷塘。我荷观彼荷，自悦与悦人，应享受优游与宽阔。

年轻人，亲密并非无间，再深的友情也要有距离。要想处好朋友，搞好人际关系，首先要信任，要真诚，要投入一份精力、投入一份热忱、投入一份感情，同时也要保留一份理智，保持一定的距离。

1. 身体力行让心靠近。

人与人之间应相互尊重、相互平等的原则。朋友之间的关系再密切，也要相互尊重。在人际交往中，一言一行要真诚相待，这样彼此之间的心才会靠得很近。

2. 用心沟通释放心灵。

用心与人沟通才能舒展自己、释放自己，才能真正地让对方靠近、温暖对方。

6. 待上以敬，待下以宽

尊敬领导，尊重同事不仅是一种高尚的美德，还是一种文明的社交方式，是顺利开展工作、建立良好的社交关系的基石，是成为密切人际关系的黏合剂。它似一缕春风，带来一切生机，给人温暖；它犹如一泓清泉，晶莹般透明，让人舒缓。

待上以敬它犹如一位高深的学者，饱含待人处世的智慧。一个真正学会尊重的人，才会赢得别人真正的尊重，他的人生一定是成功的人生！

在日常生活、工作中对于刚刚毕业的大学生来说，要学会待上以敬，为自己的生命增加弹性和厚度。

有一位名声颇高的推销员甲走在回家的路上，看到一个衣衫褴褛的文具推销员乙，在寒风中摆着地摊。甲顿生怜悯之情，不假思索地将20美元塞到推销员乙的手中，而后扭头走了。

没走几步，他突然觉得这样做不妥，于是连忙返回，伸手拿起地摊上的文具盒，解释道自己刚才忘了取文具盒，希望对方不要介意，还郑重其事地对推销员乙说："我和您一样，都是推销员。"

没过多久，推销员乙通过自己的努力，赚得了人生的第一桶金，后来投资越来越大，成了当地名副其实的富商。

而推销员甲因为自己经营不善，家道中落，推销员乙知道后，马

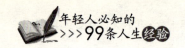

上借给了甲一笔钱，同时感谢甲当年对自己的尊重。

于是，甲的生意又开始火了起来。

乙生意越做越大，是因为得到了甲的尊重，树立了自尊和自信，从而创造了今天的业绩……而甲能到乙的帮助，同样是尊重的力量。

在工作和生活中，待上要敬，同样待下要宽。

宽容是人性中最美丽的花朵，宽容是一种生存的智慧。它可以融化人内心的冰点；可以滋润人内心的焦渴；可以慰藉人内心的不平，给这个世界带来快乐和希望。

人在社会的交往中，难免会与别人产生摩擦、误会、甚至仇恨，面对这些，最明智的选择就是学会宽容。

有哲人说过，天空收容每一片云彩，不论其美丑，故天空广阔无比；高山收容每一块岩石，不论其大小，故高山雄伟壮观；大海收容每一朵浪花，不论其浊清，故大海浩瀚无涯。这无疑是对宽容的一种诠释。宽容是一种智慧，更是一种处世技巧。

三国时期的蜀国，在诸葛亮去世后任用蒋琬主持朝政。

他的属下有个叫杨戏的，性格孤僻，讷于言语。蒋琬与他说话，他也是只应不答。有人看不惯，在蒋琬面前嘀咕说："杨戏这人对您如此怠慢，太不像话了！"蒋琬坦然一笑，说："人嘛，都有各自的脾气秉性。让杨戏当面说赞扬我的话，那可不是他的本性；让他当着众人的面说我的不是，他会觉得我下不来台。所以，他只好不作声了。其实，这正是他为人的可贵之处。"后来，有人赞蒋琬"宰相肚里能撑船"。

在工作中，如何做到待上以敬，待下以宽：

1. 对上司，要尊重。

由于上司身居高位，至少有某些过人处，同时，对于自己的面子和尊严特别看重，因此，你们应该尊重他们。即使上司做错了，你也要尊重他，而不是攻击和责难，要让上司心悦诚服地接纳你的观点，应在尊重的氛围里，有礼、有节、有分寸地磨合。

2. 对同事，多理解和支持。

同事关系和睦，办事情才能左右逢源，如鱼得水。

3. 对下属，多帮助和宽容。

在工作生活方面，只有职位上的差异，人格上却都是平等的。在员工及下属面前，我们只起领头作用，帮助下属，不仅可以树立自己良好的形象，而且可以让员工们对待工作的积极性提高。

宽容是最美丽的一种情感，宽容是一种良好的心态。谁都会出现错误，对待员工要以宽容之心待之，同事之间应围绕大局，凡事先以工作为首要，不要过分拘泥于个人利益。从大的核心工作出发，在尊重的基础上多些宽容。

7. 谦虚处世，能赢得更多人相助

谦虚是人类的一种美德，是一个人取得成功的必要前提。同时，"谦虚"还能对一个人的人际关系产生积极的影响。谦虚的人无论在什么情况下，都能给自己一个公正的评价，实事求是，既不贬低自己，又不抬高自己；既能坚持自己的观点，又能将自己放在一个更低的位置，虚心地向他人请教。谦虚的人懂得去维护他人的自尊心，也能够受到他人的尊重与青睐。

红顶商人胡雪岩就是靠谦虚的品格为自己建立起了强大的人脉网，最终取得了事业上的极大成功。

"胡庆馀堂"是红顶商人胡雪岩的毕生心血。在世纪更迭、战火

纷飞的年代中，无数金字招牌都未能幸免于难，而"胡庆馀堂"却只因为胡雪岩的谦虚的品格而支撑了下来。

有一天，一位老农到"胡庆馀堂"买药，掌柜的看到老人是位农夫，买的鹿茸也不多，就不耐烦地赶他走。老农出来后，脸上露出不悦之色，边走嘴里还不停地抱怨。

这时候，刚好胡雪岩从外面进来了，看到这一幕。便和颜悦色地询问老人："是不是药店有什么招待不周的地方？"老人见胡雪岩衣着、谈吐皆不凡，便知道他一定是个管事的人，便说道："药店的鹿茸切片放置时间太久，有些返潮，希望贵店不要提前将鹿茸切片，等有人来买时再切会更好些。"

这话刚好被店里的掌柜的听到了，就忙威胁对方说："这里卖的都是上等的鹿茸，不要在这里胡说八道。"这时候，胡雪岩却对掌柜摆了摆手说："怎么能这样对待客人呢？"然后就又对老人说："您是这里的常客，您的建议我会虚心接受，下次保证让您买到新鲜的鹿茸。这次你买鹿茸的钱可以退还给你，希望下次再来！"

老农夫看到胡雪岩如此谦虚，就大为感动。逢人就夸"胡庆馀堂"货真价实，而且每次进城都会给胡雪岩带些土特产，渐渐地两人也成了忘年交。

胡雪岩的谦虚既维护了药店的信誉，又赢得了一位好朋友，可谓一举两得。其实，在他的一生中，因为他的谦虚，还结交了许多其他的朋友。

在人际交往中，当你以谦虚的态度来表达自己的观点时，就能够减少一些冲突，容易被他人所接受。尤其在对峙双方不同地域、文化背景各异的情况下，诚恳地向对方说一句"我不太明白您的意思""我不能理解，请您再说一遍，好吗？"之类谦恭的话语，会让对方觉得你真诚可亲，富有涵养和人情味，对你产生好感。

276

比尔·盖茨能够带领他的团队在 IT 业界创造出一个又一个神话，与他的谦虚的性格也有着极大的关系。

比尔·盖茨每次召开员工会议前，都会仔细地准备讲话内容，而且，每次演讲完，是会下来与下属交流，问员工"我今天哪里讲得好，哪里还需要改进？"当然，他不是问问就算了，还会亲自拿个小本子认真地记录下来自己出错的地方，以便下次更正和提高。

由于这种谦虚的性格，他得到了下属的敬重和爱戴。

一个取得巨大成就的人，还能够如此谦虚、敬业地低下头向别人求教，是十分难得的，也是令人敬仰的！

古话说："谦受益，满招损。"一个杯子，如果不将其中的水倒掉，又怎么能接受新的甘泉呢？一个人如果从来不愿接受别人的意见，总是一意孤行，不将他人放在眼里，那么他即便有很高的天赋也不会受到别人的赞叹，更不会有所成就。

柴斯特·菲尔德说："如果你想得到别人的赞美，就用谦逊去作诱饵吧。"虚怀若谷，谦虚谨慎，是我们赢得别人好感的必备的品德与修养，也是我们成为"交际达人"的必须要完成的"人格修炼"！

8. 学会退让，平和待人留余地

平和待人，是一种心态，是一种美德，是与他人相处的重要法则。秉持平和的心态做人，自然妥善地对待世间的人与事，既尊重自己，也可以赢得他人的尊重，这是低调做人，见好就收的要义。

宋代宰相韩琦，是个大度之人，曾经与范仲淹一同推进新政。起初，他在定武统率部队时，夜间伏案办公，一名侍卫曾经拿着蜡烛为

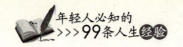

他照明。

那位侍卫因为不小心走神了，蜡烛颤抖了一下，刚好烧到了韩琦鬓角的头发。按常理说，侍卫拿蜡烛照明时走神，将统帅的头发烧了，这是失职的行为，韩琦责备一句也是应该的，即使不责备，挨烧时"哎呀"一声也难免。然而，韩琦却没说什么，只是急忙用袖子蹭了蹭，忍着疼，又开始低头写字。过了一会儿，韩琦发现拿蜡烛的侍卫又换了人，韩琦怕主管侍卫的长官鞭打刚才那个侍卫，就赶忙将他们召来，当着他们的面说："不要替换他，因为他犯了一次错，懂得怎样拿蜡烛了。"就这样，军中的将士们知道此事后，无不感动佩服。

韩琦在镇守大名府时，皇上赐给他两只刚刚出土的玉杯，这只玉杯之中毫无半点的瑕疵，是稀世珍宝。韩琦视若珍宝，每一次大宴宾客之时，总是要先设一桌，铺上锦缎，将那两只玉杯放在上面使用。结果有一次在劝酒时，被一个官吏不小心碰到地上摔了个粉碎。所有在座的官员都顿时惊呆了，碰坏玉杯的官吏也吓傻了，趴在地上请求韩琦治罪。可韩琦却毫不动容，笑着对宾客说道："大凡宝物，是成是毁，也都是有一定的时数的，该有时它献出来了，该坏时谁也保不住。"说完之后，就转过脸对趴在地上的那位官员说道："你偶然失手，并非故意，有何罪责呢？"这一番话说得极为精彩，玉杯已经打碎，无论如何也无法恢复到原样，即便将对方责骂、痛打一顿也无济于事，而且还让自己徒然多了一个仇人。也会令当时所有的宾客都尴尬，让好好的一场聚会不欢而散，也会有损自己的形象。然而韩琦此言一出，立刻就博得了众人的赞叹，而那位官员也对其感激不尽，恐怕为他做牛做马也心甘情愿了。

元代吴亮在谈及韩琦时说："韩琦器量过人，生性淳朴厚道，不计较疙疙瘩瘩一类的小事。功劳天下无人能比，官位升到臣子的顶端，但不见他沾沾自喜；经常在官场的不测之祸中周旋，也不见他忧心忡忡。不管在什么情况下，他都能做到泰然处之，不被别的事物牵着走，一生不弄虚作假。在处世上，被重用，就立于朝廷与士大夫们公平议事；不被重用，就回家享受天伦之乐，一切出自真诚。"

韩琦一生虽然都处于危险的境地，而又一直立于不败之地，这是为什么呢？也正如他所说："天下之事，没有完全尽如人意的，一定要用平和的心态去面对。不这样，连一天也过不下去。即便是与小人在一起，也要以诚相待。只不过在明白他是小人之后，少与他来往，就是了。"这也是韩琦处世高人一筹，临危而不败的重要秘密。

韩琦的这种以容忍的态度去对待周围的人，很多事情虽然小，但是影响却很大，上上下下一知晓，谁不愿意敬他三分，为他卖命呢？

为此，在生活中，年轻人也要以平和的心态去对待他人，学会忍让，这是你赢得好人缘的重要方法，也是为自己赢得机遇的重要方法。然而，现实中有一些人，他们总是有这样的习惯："得理不让人，没理搅三分。"不懂得忍让，让人下不来台，处处树敌，他在奋斗的过程中也可能会处处受阻，而如果他能大度让人，便可以获得意想不到的收获。

有一位中国妇人远离家乡来到美国，她在美国开了小店卖蔬菜。由于她的菜十分新鲜价钱又公道，所以她的生意特别好。这就让其他摊位的小贩十分不满。大家经常在扫地的时候有意无意地都把垃圾扫到她的店门口。但是这个中国妇人十分大度，她并没有计较，反而每次都把垃圾扫到角落堆起来，然后把店门口清扫得干干净净。

她的旁边有一个卖菜的墨西哥妇人观察了她很多天，最后她终于忍不住了，便问她："大家都把垃圾扫到你的门口，你为什么不生气呢？"中国妇人笑着说："在我们国家，过年的时候大家都会把垃圾

往家里面扫。因为垃圾就代表财富，垃圾越多就代表你来年会赚很多的钱。现在每天都有人把垃圾送到我这里来，我感激还来不及呢！这就代表我的财运会一直很好。我怎么舍得拒绝呢？"

墨西哥妇人听了之后就把这些话传到各个小贩的耳朵里，从此以后，再也没有垃圾出现在中国妇人的店门口。

中国富人将诅咒化为祝福的智慧令人惊叹，但是更重要的是她的大度和与人为善。她宽恕了别人，同时也为自己创造了一个和善的环境，和气生财就是这个道理，所以她的生意才会越做越好。倘若她采取消极的方式去对待，试想一个外乡人又怎么能斗得过这些本地人呢，针锋相对的后果只能让事情变得更加糟糕。所以说，大度为人，少一些计较，会让事情变得好起来，也会让人与人之间的关系更为融洽。

有的人在你辛勤播种的时候袖手旁观，但是在你收获的时候却毫无愧色地来分享你的果实，遇到这种人，就要学会大度，你做出一点牺牲但是却成全了别人的欲望。总比到最后两者相争要好得多。心胸狭窄的人总是抱怨不休，纵使他有天大的本事也难以有所建树。做个大度的人，你就会发现天地如此广阔。不要在彼此摩擦中浪费时间和生命，天地很大，比天大的是人的心胸。每个人都大度一些，生活就会变得和谐而美好。

9. 双赢是人际交往的最高境界

美国社会学家霍曼斯有一个非常著名的交换理论，即人际交往在本质上是一个社会交换的过程，相互给予彼此所需要的，有的人把这种交换叫作人际交往的互惠原则。只要在人际交往中做到互惠了，交往就会保持平衡，并且长久。

作为一个社会成员，我们总是处在各种各样的关系中，这些关系丝丝密密地构建了我们的交际网络，这张网络不断地在影响着我们的生活和生存的质量。因此，如何正确地处理各种人际关系，平衡各方面的条件，是我们每个人必须要掌握的重要的一课。

大多数年轻人从小就是衣来伸手，饭来张口，受到父母和老师的宠爱。步入社会后，他们也会觉得其他人有什么好处也会想着自己，自己遇到了困难，别人都会像父母一样义不容辞地出手相助。他们很少去考虑，"别人为什么要围着自己转"，"别人凭什么要帮助自己"这类问题。

其实，以自我为中心，有我无他，有他无我的利益分配，它会让你的人际关系恶性循环。总是以自己为中心，只关心自己的利益得失，这样无形中会造成"得道多助，失道寡助"的局面。

人际关系中如果不能相互满足某种需要，那么这种关系维持起来就比较困难。那么，别人也不愿与你交往。在你需要帮助的时候哪来有帮助一说？

将一条平行木两端均长地放在一个固定的支点上，使平行木能够平行，然后将两个不同重量的东西分别放在平行木上，重的一段就会向下倾斜，打破平行木原有的平行，放在平行木上的东西，也会随着平行被打破而掉在地上，这就是古希腊科学家阿基米德著名的杠杆原理。

人类的关系始于施与受，一方付出，接受的一方则就要背负着回报的义务。当施与受能够平衡，我们才会感到满意。

其实，在人际交往中也是一样，如果你一味地偏向于你的那一边，人际交往过程中的天平就会被打破，原有的平静、祥和也将不会

存在。没有一个人愿意对他人无偿地付出，也没有一个人会得到他人无偿的付出。一段稳定的人际关系，必须保持相互交换的平衡。经济学中的双赢，会使利润达到非同一般的效果。年轻人，天下没有免费的午餐，也没有不劳而获的事情，在人际关系中，应做到：

1. 人际交往要注意平等原则。

我们身边的每个人，无论性别、年龄、民族、出身，在人格上都是平等的。因此，在人际交往中，年轻人绝不能抬高自己而贬低别人，平等对待你身边的每一个人。

同时，在人际交往中，对被人给予自己的善意，要做出友好的回应。

2. 尽量帮助他人。

送人玫瑰，手留余香。助人为快乐之本，快乐了别人，同时也快乐了自己。我为人人，人人才能为我。所以，年轻人应该知道，帮助他人不仅仅是一种美德，而是一种获得别人认可的一种方式。

3. 增加自己"被利用"的价值。

《礼记》中说："君子贵人贱己，先人而后己。"既然交际是利益的相互交换，如果你想得到别人更多的帮助，就要不断地去帮助别人，增加自己"被利用的机会"。这样别人就更愿意与你交往。

4. 不要强加自己的观点。

孔子说："己所不欲，勿施于人。"在人际交往中，有的年轻人总喜欢把自己的观点强加给别人，而忘了要站在对方的角度去思考，这样，同事之间的关系就会陷入僵局。

10. 沟通要从礼仪开始

社交礼仪是指在人际交往、社会交往和国际交往活动中，用于表示尊重、亲善和友好的首选行为规范和惯用形式。它是一种道德行为规范，其直接目的是表示对他人的尊重，根本目的是为了维护社会正常的生活秩序。

年轻人在社会交往中，想要如鱼得水，就必须懂得点社交礼仪。

1. 仪表礼仪。

（一）化妆

选择适当的化妆品和与自己气质、脸形、年龄等特点相符的化妆方法，选择适当的发型来增添自己的魅力。

化妆要注意以下几点：化妆的浓、淡要视时间、场合而定；不要在公共场所化妆；不要在男士面前化妆；不要非议他人的化妆；不要借用他人的化妆品；男士不要过分化妆。

（二）着装

古人云："相由心生，衣如其人。"人的善恶来自于内心，却可以在人的面相上显现出来，人的性格来源于本性，却可以从穿衣服上体现出来。如性格外向的人一般比较喜欢明朗、奔放、时尚的服饰，它折射出对生活的一种向上、活泼的情绪；而性格内向的人一般会选择端庄、稳重、大方的服饰。

在社交场上，良好的着装直接反映一个人的修养，同时也是人际交往中相互尊重的一种重要的形式。这种形式能给对方留下极好的印象。如果你给对方留下一个良好的印象，这就意味着你已成功

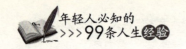

了一半。着装不但要与自己的具体条件相适应，还必须时刻注意客观环境、场合对人的着装要求。

2. 举止礼仪。

举止上的细节是一个人素质和修养的表现。有时候，一个很小的动作习惯都有可能影响到场面的形象。所以，在任何场合，都要注意礼貌待人，这样才不至于因小失大。

要塑造良好的交际形象，必须讲究礼貌礼节，为此，就必须注意你的行为举止。举止礼仪是自我心诚的表现，一个人的外在举止行动可直接表明他的态度。做到彬彬有礼，落落大方，遵守一般的进退礼节，尽量避免各种不礼貌、不文明习惯。

3. 谈吐礼仪。

古人说"良言一句三冬暖，恶语伤人六月寒"。谈吐能直接反映出一个人是博学多识还是孤陋寡闻，是接受过良好教育还是浅薄无知。

在语言方面，交谈要：文明、礼貌、准确。

在交谈中多使用礼貌用语，是博得他人好感与体谅的最为简单易行的方法。

在社交中，尤其要会适当使用交际用语：幸会、拜访、恭候、打扰、烦请、请教、失陪等敬辞。如初次见面应说：幸会；看望别人应说：拜访；等候别人应说：恭候；请人勿送应用：留步；麻烦别人应说：打扰；请人帮忙应说：烦请；托人办事应说：拜托；请人指教应说：请教；请人解答应用：请问；等等。

说话时应该态度从容，双目注视对方，表示出真挚的神情；说对方关心的话，人最关心的是与自己有关的事，所以不能只谈自己的主张；不要故作高深，说话不需要矫揉造作，卖弄辞藻，结果对方早已听烦，还是等于白说。

4. 握手礼。

握手，它是人与人交际的一个部分。握手的力量、姿势与时间的长短往往能够表达出不同礼遇与态度，显露自己的个性，给人留下不同的印象，也可通过握手了解对方的个性，从而赢得交际的主动。美国著名盲聋女作家海伦·凯勒曾写道："手能拒人千里之外，也可充满阳光，让你感到很温暖……"事实也确实如此，因为握手是一种语言，是一种无声的动作语言。

行握手礼时有先后次序之分。握手的先后次序主要是为了尊重对方的需要。其次序主要根据握手人双方所处的社会地位、身份、性别和各种条件来确定。

两人之间握手的次序是：上级在先，长辈在先，女士在先，主人在先。而下级、晚辈、男士、客人应先问候，见对方伸出手后，再伸手与他相握。在上级、长辈面前不可贸然先伸手。若两人之间身份、年龄、职务都相仿，则先伸手为礼貌。

标准的握手方式是：握手时，两人相距约一步，上身稍前侧，伸出右手，四指并拢拇指张开，两人的手掌与地面垂直相握，上下轻摇，一般二三秒为宜，握手时注视对方，微笑致意或简单地用言语致意、寒暄。

握手的时间以及力度：初次见面，适当的握手时间和力度，会让人有股舒服亲切的感受。手的时间以 1～3 秒为宜，不可一直握住别人的手不放。与大人物握手，男士与女士握手，时间以 1 秒钟左右为原则。

如果要表示自己的真诚和热烈，也可较长时间握手，并上下摇晃几下。作为企业的代表在洽谈中与人握手，一般不要用双手抓住对方的手上下摇动，那样显得太恭谦，使自己的地位无形中降低了，完全失去了一个企业家的风度。